大连古建筑测绘十书

朝阳寺·石鼓寺

王丹 邵明 周荃 著

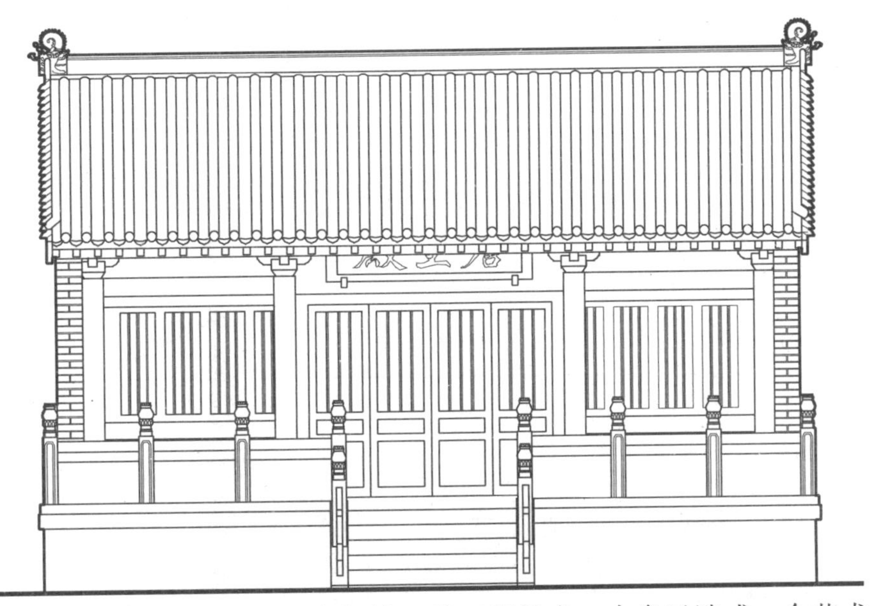

中国建筑既是延续了两千余年的一种工程技术，本身已造成一个艺术系统，许多建筑物便是我们文化的表现、艺术的大宗遗产。

—— 梁思成

江苏凤凰科学技术出版社

图书在版编目（CIP）数据

大连古建筑测绘十书．朝阳寺·石鼓寺 / 王丹，邵明，周荃著．-- 南京 ：江苏凤凰科学技术出版社，2016.5
ISBN 978-7-5537-5710-0

Ⅰ．①大… Ⅱ．①王… ②邵… ③周… Ⅲ．①寺庙－古建筑－建筑测量－大连市－图集 Ⅳ．①TU198-64

中国版本图书馆CIP数据核字(2016)第279516号

大连古建筑测绘十书

朝阳寺·石鼓寺

著　　者	王　丹　邵　明　周　荃
项目策划	凤凰空间/郑亚男　张　群
责任编辑	刘屹立
特约编辑	张　群　李皓男　周　舟　丁　兴
出版发行	凤凰出版传媒股份有限公司 江苏凤凰科学技术出版社
出版社地址	南京市湖南路1号A楼，邮编：210009
出版社网址	http://www.pspress.cn
总　经　销	天津凤凰空间文化传媒有限公司
总经销网址	http://www.ifengspace.cn
经　　销	全国新华书店
印　　刷	北京盛通印刷股份有限公司
开　　本	965 mm×1270 mm 1/16
印　　张	5
字　　数	40 000
版　　次	2016年5月第1版
印　　次	2023年3月第2次印刷
标准书号	ISBN 978-7-5537-5710-0
定　　价	88.80元

图书如有印装质量问题，可随时向销售部调换（电话：022-87893668）。

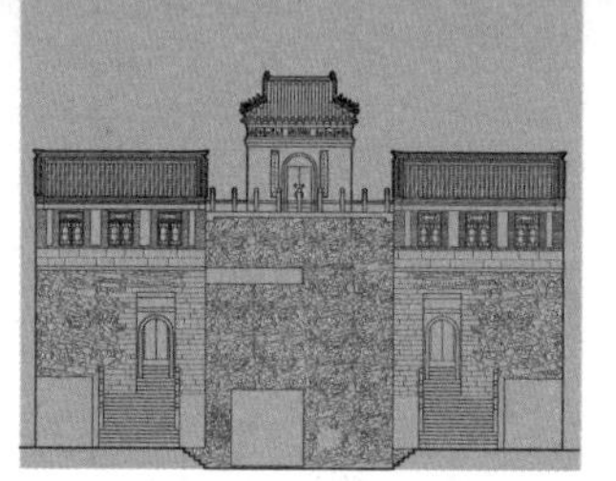

图书总序

我在大连理工大学建筑与艺术学院兼职数年，看到建筑系一群年轻教师在胡文荟教授的带领下，对中国传统建筑文化研究热情高涨，奋力前行，很是令人感动。去年，我欣喜地看到了他们研究团队对辽南古建筑研究的成果，深感欣慰的同时，觉得很有必要向大家介绍一下他们的工作并谈一下我的看法。

这套丛书通过对辽南10余处古建筑的测绘、分析与解读，从一个侧面传达了我国不同地域传统建筑文化的传承与演进的独有的特色，以及我国传统文化在建筑中的体现与价值。

中国古代建筑具有悠久的历史传统和光辉的成就，无论是在庙宇、宫室、民居建筑及园林，还是在建筑空间、艺术处理与材料结构的等方面，都对人类有着卓越的创造与贡献，形成了有别于西方建筑的特殊风貌，在人类建筑史上占有重要的地位。

自近代以来，中国文化开始了艰难的转变过程。从传统社会向现代社会的转变，也是首先从文化的转变开始的。如果说中国传统文化的历史脉络和演变轨迹较为清晰的话，那么，近代以来的转变就似乎显得非常复杂。在近代以前， 中国和西方的城市及建筑无疑遵循着不同的发展道路，不仅形成了各自的文化制式，而且也形成了各自的城市和建筑风格。

近代以来，随着西方列强的侵入以及建筑文化的深入影响，开始对中国产生日益强大的影响。长期以来，认为西方城市建筑是正统历史传统，东方建筑是非正统历史传统这一“西方中心说”的观点存在于世界建筑史研究领域中。在弗莱彻尔的《比较建筑史》上印有一幅插图——“建筑之树”，罗马、希腊、罗蔓式是树的中心主干，欧美一些国家哥特式建筑、文艺复兴建筑和近代建筑是上端的6根主分枝。而摆在下面一些纤弱的幼枝是印度、墨西哥、埃及、亚述及中国等，极为形象地表达了作者的建筑“西方中心说”思想。今天，建筑文化的特质与地域性越发引起人们的重视。中国的城市与建筑无论古代还是近代与当代，都被认为是在特定的环境空间中产生的文化现象，其复杂性、丰富性以及特殊意义和价值已经令所有研究者无法回避了。

在理论层面上开拓一条中国建筑的发展之路就是对中国传统建筑文化的研究。

建筑文化应该是批判与实践并重的，因为它不局限于解释各种建筑文化现象，而是要为建筑文化的发展提供价值导向。要提供价值选向，先要做出正确的价值评判，所以必须树立一种正确的价值观。这套丛书也是在此方面做出了相当的努力。当然得承认，传统文化可能是也一柄多刃剑。一方面，传统文化也可能成为一副沉重的十字架，限制我们的创造潜能；而另一面，任何传统文化都受历史的局限，都可能是糟粕与精华并存，即便是精华，也往往离不开具体的时空条件。与此同时又可以成为智慧的源泉，一座丰富的宝库，它扩大我们的思维，激发我们的想象。

中国传统文化博大精深，建筑文化更是同样。这套书的核心在如下三个方面论述：具体层面的，传统建筑中古典美的斗拱、屋顶、柱廊的造型特征，书画、诗文与工艺结合的装修形式，以及装饰纹样、各式门窗菱格，等等。宏观层面的，“天人合一”的自然观和注重环境效应的“风水相地”思想，阴阳对立、有无互动的哲学思维和“身、心、气”合一的养生观，等等。这期中蕴含着丰富的内涵、深邃的哲理和智慧。中观层面的，庭院式布局的空间韵律，自然与建筑互补的场所感，诗情画意、充满人文精神的造园艺术，形、数、画、方位的表象与隐喻的象征手法。当然不论是哪个层面的研究，传统对现代的价值还需要我们在新建筑的创作中去发掘，去感知。

2007年以来，这套丛书的作者们先后对位于大连市的城山山城、巍霸山城、卑沙山城附近范围的10余处古建进行了建筑测绘和研究工作，而后汇集成书。这套大连古建筑丛书主要以照片、测绘图纸、建筑画和文字为主，并辅以视频光盘，首批先介绍大连地区的10余处古建，让大家在为数不多的辽南古建筑中感受到不同的特色与韵味。

希望他们的工作能给中国的古建筑研究添砖加瓦，对中国传统建筑文化的发展有所裨益。

2012.12

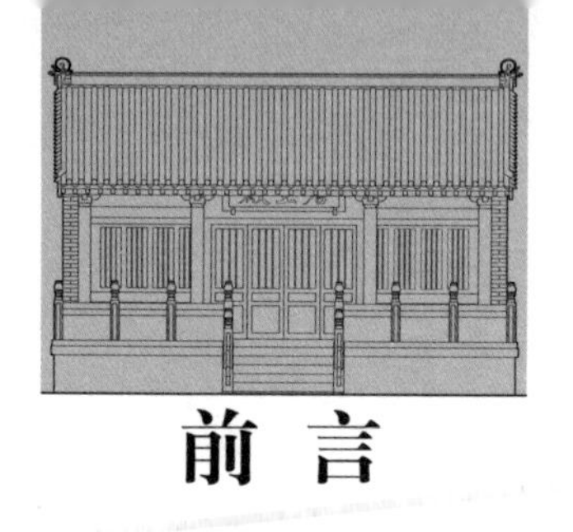

前 言

愿做菩萨那朵莲。

朝阳寺和石鼓寺都是辽南著名的佛教古刹，前者建于明代，后者建于隋唐时代，属于大黑山古庙宇群。时间绵延流动的绘画美，以理智的入世精神排斥了非理性的迷狂。

一曲梵音绕耳，唱尽世间浮华，烟云过眼不过云淡，韶光岁浅，时不我待，等候心寂的苍芜，是一片菩提的水岸。结一段善缘，不去问因果；饮一壶风月，不去问寒暖；渡一场劫波，不去问非难；享一世流年，不去问伤欢。

愿做菩萨那朵莲，修炼心法永无杂念。天地玄荒，而梅花依旧故老；岁月更替，而山石故我嶙峋。参透世间万物，到头来方知大千世界无限美好。

月影寒秋，婆娑醉人，一雁南渡，影移声中雁语丝丝纠耳；萧风四起，暮野四合，梧桐叶落，飘零如雨，簌簌风中白絮做漫天飞舞；四季轮替，远树含山，对镜湖自照而顾盼生烟。

念珠数落，触动着生命心跳的气息；香炉燃起，托付着虔虔香客默许的念想。小小庙宇，岂能接纳百里信徒无边的倾诉；禅房花木，又未尝能感悟人世间岁月巨变的沧桑。

心无尘，自清净。雾锁重楼，远山含黛，一轮明月，一份禅心，一切有为法，如梦幻泡影，如露亦如电，应作如是观。

古泉印月，玉井生烟，琴瑜诗酒，古木抚尘，意净心悠，行云流水，愿做菩萨那朵莲，修炼心法开得娇艳。雾隐远山，朦胧羞涩，飘逸空灵，似梦似幻。

石鼓禪寺

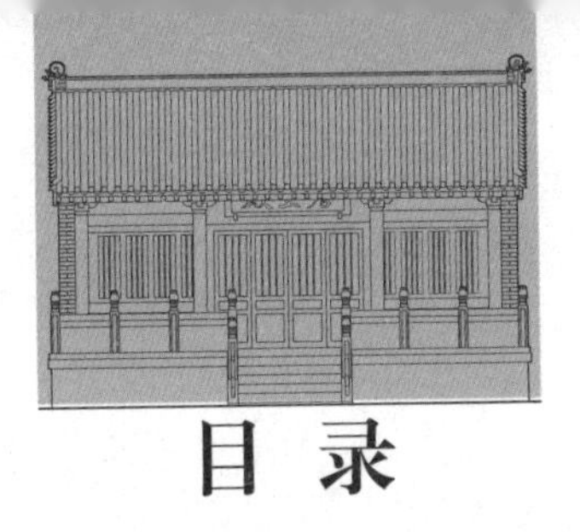

目 录

大黑山上的金州四景

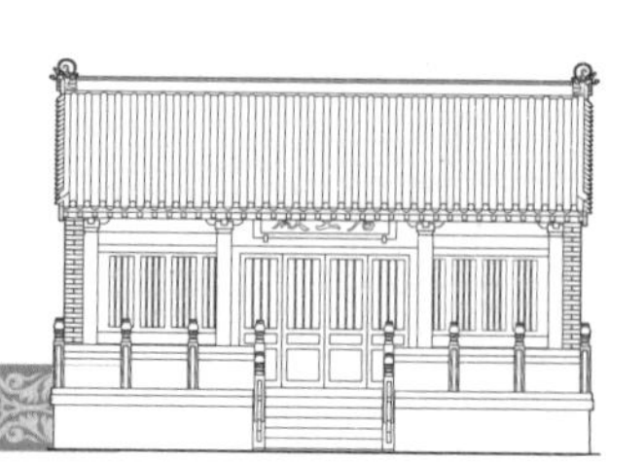

大黑山风景区是一处以“清幽、野趣”为特色，集“雄、奇、险、秀、幽、旷”六种自然形象于一体的自然风景区（图1）。它坐落于大连市金州新区中心，距市中心25公里，占地23.79平方公里，平均海拔400米，主峰海拔663.1米，是一座呈“山”字形的山脉，北倚长白山、千山，南临黄海、渤海，因山石多呈淡黑色而得名。这里夏季凉爽宜人，冬季晴空万里、阳光普照，不但风景秀美气候宜人，还流传着薛仁贵生擒契丹王阿卜固、乾隆东巡至此观看铁树开花、北燕文帝冯跋兄弟逃避追杀遁迹于此，以及奕天林抗日反满等民间故事和传说。大黑山风景区人文历史悠久，据记载，隋唐时期人们就在这里开山造寺，自古传颂的“金州八景”，大黑山就占据四景：“响泉消夏”（响水观）、“朝阳霁雪”（朝阳寺）、“山城夕照”（卑沙城）、“南阁飞云”（观音阁），构成了大黑山所特有的古建筑和庙宇群。

佛教传入中国后，在中原一带发展迅速，而在辽东半岛传播速度相对滞缓，这是因为这里地广人稀，交通不便，战争频繁。考古证明，金州地区较早的佛教庙宇始建于北魏时期的北屏山梦真窟，而大黑山开山造寺则是辽代以后的事情，经过历代僧众信徒不懈的努力，才造就了大黑山深厚的宗教文化底蕴。

响水观，亦称响水寺，是以道教为主的观宇，由于历史原因，佛教、儒家的思想文化与道家也在此融汇。它坐落于大黑山西北麓，距金州城东5公里。始建于唐代，明清两代曾多次修缮，规模最大的一次是乾隆元年（1736年）重修大殿三楹、客舍五间及山门一座。著名的金州八景之一“响泉消夏”便在这里。

朝阳寺位于大黑山西麓，始建于明代，因该地山明水秀，故初名“明秀寺”，清雍正六年改称朝阳寺。古今众多描写朝阳寺的诗词歌赋中，最为脍炙人口的当数金州著名诗人郑有仁描绘雪停天晴美景的《唐多令·朝阳霁雪》：“古寺过朝阳，山山暮色苍。趁西风，瑞雪飘扬。僧踏琼瑶归路晚，云衲湿，燎锅旁。晓起扫佛堂，经窗透日光。望前塘，梅折松僵。唯有喜晴檐际雀，飞上下，引空吭。”

约建于晋代的大黑山山城是兵家必争的卑沙城，乃辽东半岛著名的军事古城堡之一。城垣沿大黑山山脊绕山梁围峡谷顺山势而建，城墙宽约3.3米，残高3～5 米不等，由大小不等的山石叠砌。在城垣西南角的凤凰口建有城堡一座，居谷为关，故称关门寨，现已坍塌，仅存旧址。在古代，卑沙城是兵家必争之地。隋唐时期曾有两次大战于此，《隋书·来护儿传》和《资治通鉴》均有记载。时至今日，古城堡空遗残垣断壁，任由游人凭吊，早已没有了军事上的意义。

观音阁旧名胜水寺，位于大黑山东北麓起伏的山岭间。其正殿前设有一座百佛塔，佛塔的前面有一歇山式阁楼，建于巨石悬崖之上，便是观音阁。阁内供奉观音塑像，一侧的墙壁上还绘有男相观音。登上此阁，凭栏眺望，天海苍茫，层峦叠嶂，葱翠的山岭尽收眼底。夏日山雨欲来或雨过初晴之时，在此可见脚下云雾翻涌，烟云翻飞缥缈，波澜起伏，甚为壮观。此即金州古八景之一的“南阁飞云”。

图1 大黑山风光

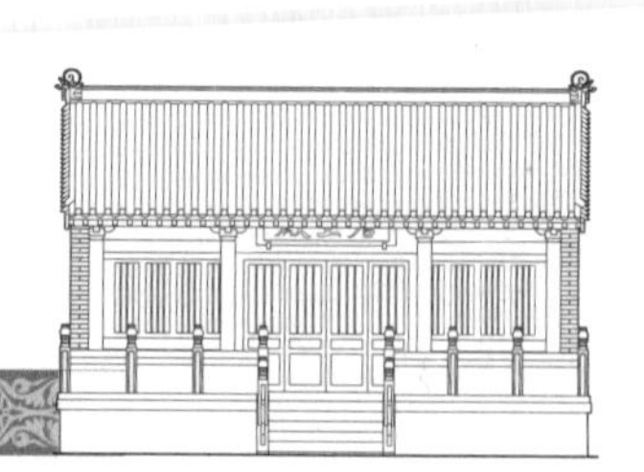

苔绿压红墙的朝阳寺

朝阳寺（图2）是辽南著名的佛教寺院之一，它位于大黑山西麓，始建于明朝初期。因其坐落之地山明水秀，人杰地灵，景色清幽，故初建寺院时称之为“明秀寺”， 至清雍正六年才改称朝阳寺。整个寺院坐北朝南，傍依山谷而建，在四围山峦屏障之中。前、后山门建于两丘之巅，两个殿堂则建在后山阳坡之上，从整体上俯视观之（图3），颇似后背一座山、前抱一座山。因此，人们用负阴抱阳来形容它。因地势之利，虽值数九隆冬，亦和暖如春。隆冬时节，千里冰封，飘雪初霁，银光素裹，树木、山门、禅房、殿堂愈显山明水秀，因此有“朝阳霁雪”之美誉，为金州古城八景之一。朝阳寺既是高僧参禅之宝地，又是古城文人墨客吟诗作赋的好去处。朝阳寺是大黑山的一处名胜，冬季是它最有诗意、最美的时候，“朝阳霁雪”曾使观光客流连忘返。雪后初晴赏朝阳寺很有讲究，西南的小山坡上是最佳观赏地，一眼望去，寺院古风犹存而不矫揉造作，层次分明而不杂乱无章，清幽典雅而不肃然阴森，如果伴以佛号梵音，更能使人领略到其中的韵味（图4）。

图2 朝阳寺全景

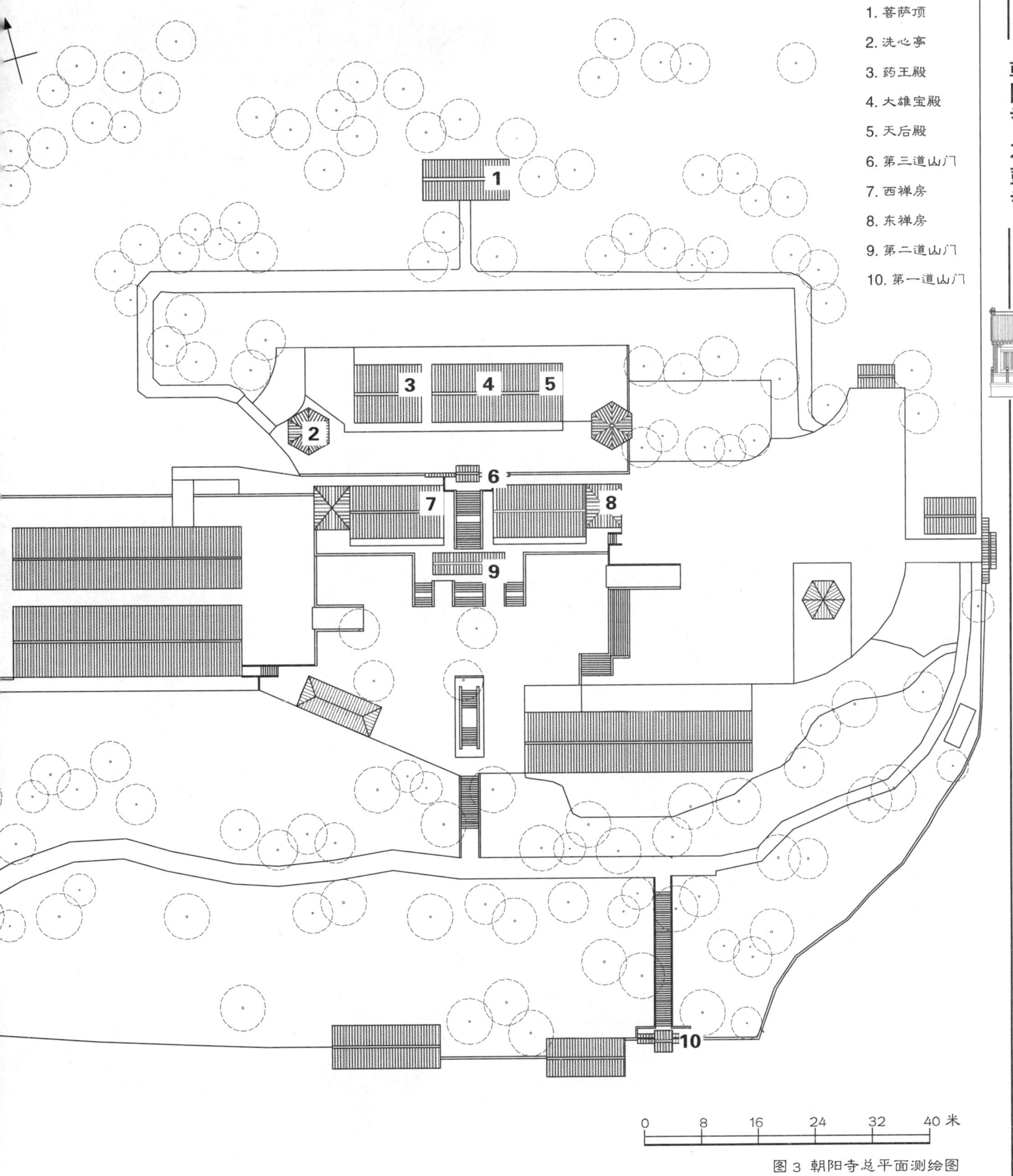

图 3 朝阳寺总平面测绘图

寺
如意吉祥
觉地同登廣結緣

图 4 朝阳寺山门

朝阳寺依山而建，整个寺院呈“V”字形通向朝阳寺上院，气势如虹，蔚为壮观。院墙顺山势围起，前后各有一山门。前山门为垂花门，后山门为重檐歇山式。朝阳寺占地面积约3万平方米，为两进院落，从前山门进入朝阳寺，先后有三道山门。第一道山门是垂花门，门楣上有“朝阳古刹”的匾额（图5），四个鎏金大字格外醒目。山门的两侧置有两座石狮。山门的正门平时不开，游人香客由左侧门出入。

入垂花门，扶栏缓下数十级台阶踏步时，可俯瞰整个内院至沟底，有一种居高临下的感觉。在沟底回望山门，则看到山门高高在上，颇有气势（图6）。要走64级台阶，才能看到正殿的大雄宝殿（图7）。经过第二道山门，上数十级石阶，则是第三道山门，进了第三道山门，便是主殿了（图8）。

图5 朝阳寺第一道山门

图 6 从朝阳寺后院眺望山门

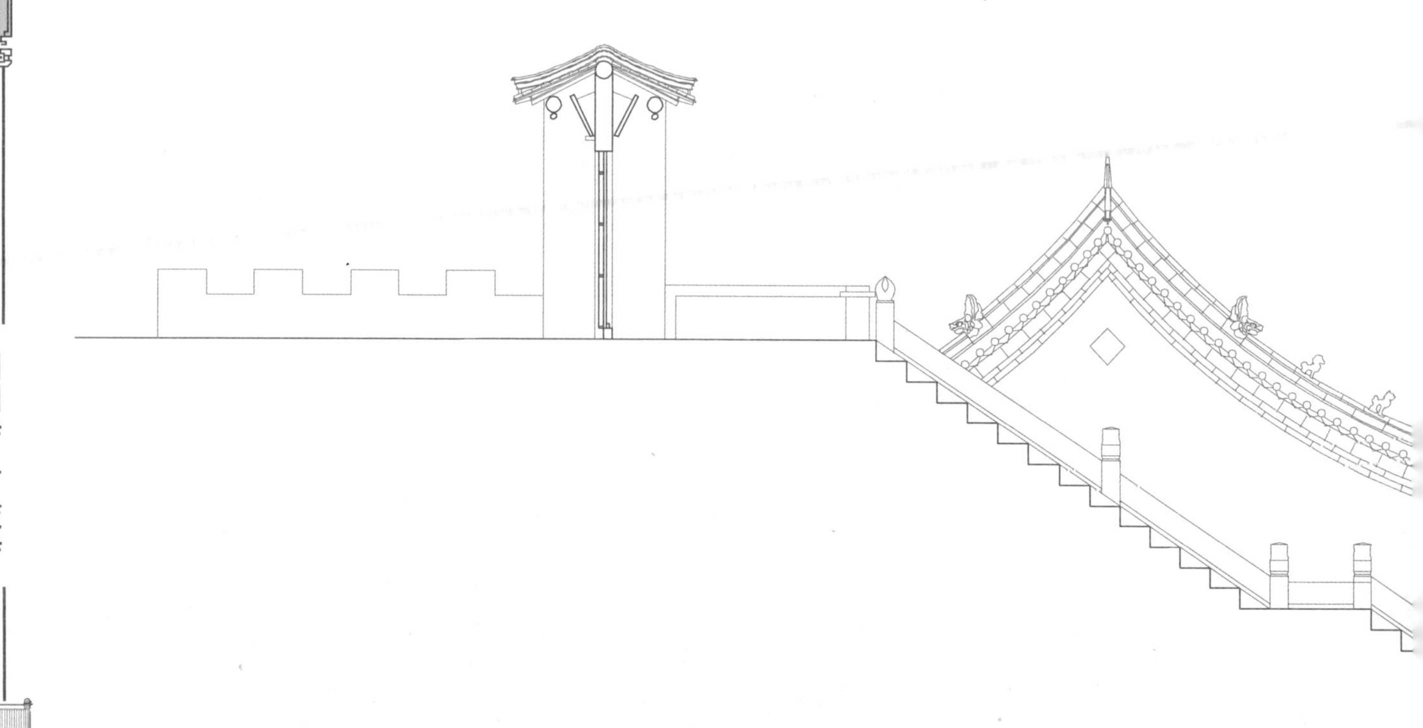

图 7 从朝阳寺第一道山门前眺望大雄宝殿

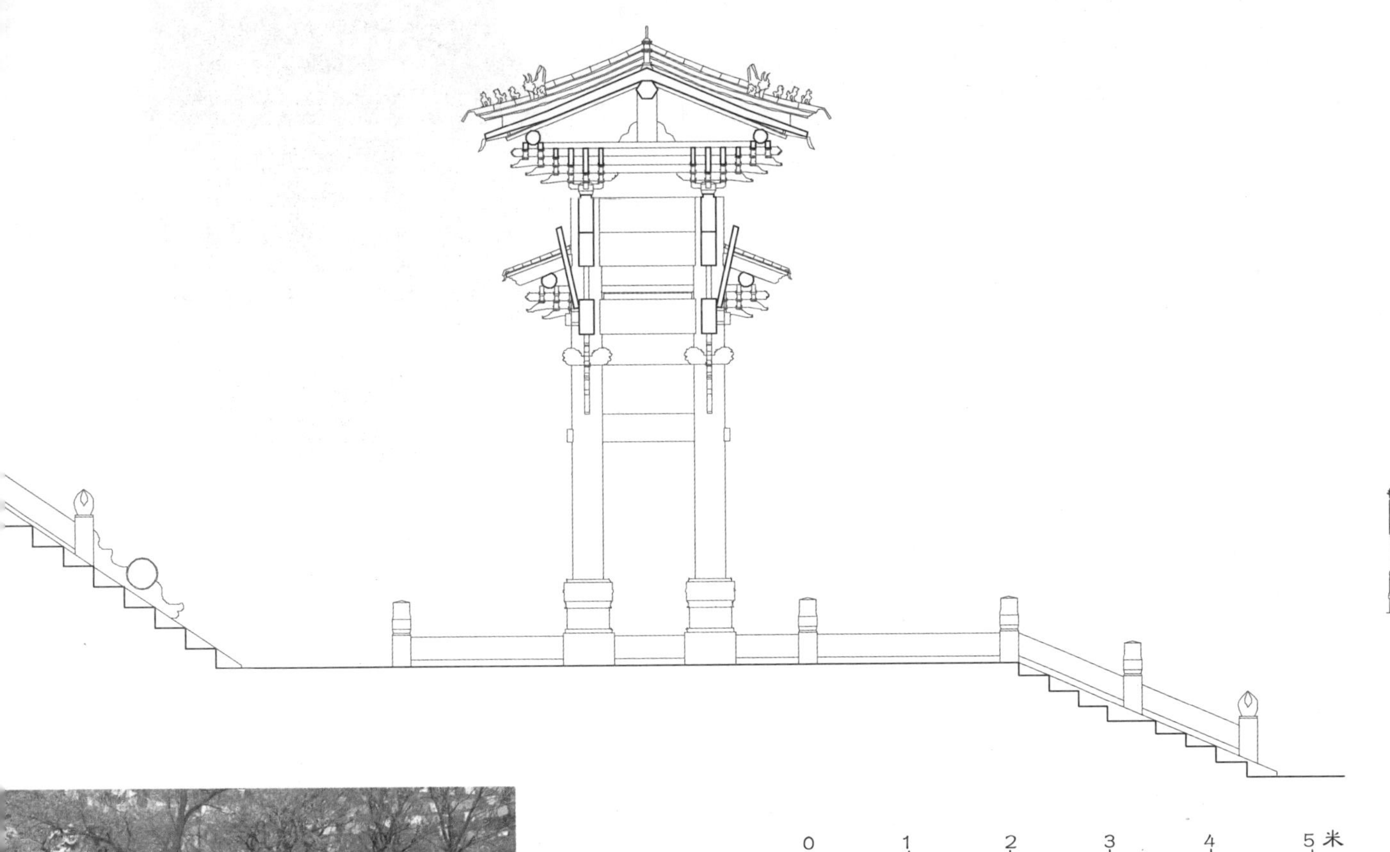

图 8 朝阳寺第二、三道山门剖面测绘图

院内路分两条，一条北折进入二进院落，一条西行通往洗心亭（图 9）。洗心亭位于寺院的西侧，是一座风格独特的亭子，通体白色钟楼式建筑，坐落在绿树掩映之中。亭子拱门两侧有一副楹联：“入座清风涤俗虑，凭栏山色豁襟胸。”谷底河山有一座状似法轮的石桥，故名法轮桥，有“法轮常转”之意。过了此桥，对面是一座牌楼，为第二道山门（图 10）。朝阳寺分前后两院，由北进入第二道山门（图 11）即可到达前院。

二进院内主体建筑是寺内众僧歇息的东西两栋禅房（图 12）。在东禅房之东，有一玄月状水潭，浮莲摇曳生香，锦鲤穿梭嬉戏。其后的崖壁上，两条泥塑黄龙威风凛凛，在崖间翻卷，似在蓄力待机而腾。两条黄龙盘旋飞舞，故取名龙潭。龙潭之东，矗立一尊高 14 米的观音塑像，她手持净瓶、杨枝，净观众生，使善男信女深信其具“大慈与一切众生乐，大悲拔一切众生苦”之法力。

图 9 朝阳寺前院看向洗心亭

图 10 从朝阳寺法轮桥眺望第二道山门

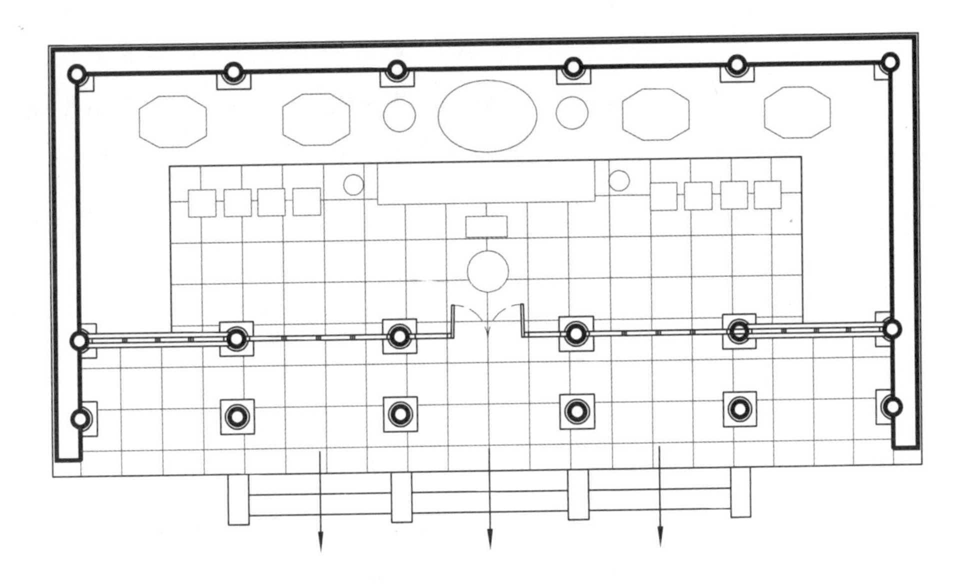

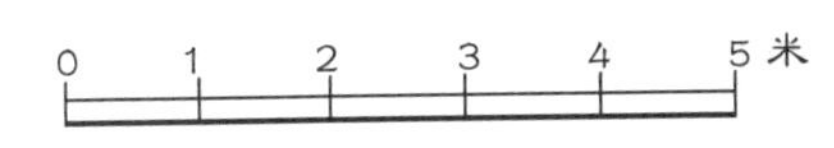

图 11 朝阳寺东西禅房平面测绘图

图 12 从朝阳寺前院看向东禅房

从东西两栋禅房之间拾级而上，穿过第三道山门（图 13）即进后院。这里建有三座殿堂，正中为大雄宝殿，左配殿为天后殿，右配殿为药王殿。殿前两侧有钟楼和火池，寺院中部有一条溪流，静时似一条玉带，而每当雨后，山水挟着山石倾泻不停，撞在崖壁上，轰然作响，颇有几分霸气。朝阳寺内还有钟亭、卧佛、护法堂、水晶宫、菩萨顶、十八罗汉等。

走到大雄宝殿前，便能看到洗心亭了（图 14）。大雄宝殿门两侧有哼哈二将，皆体魄精壮，上身裸露，形态可畏（图 15）。店内庄严华丽，雕梁画栋，富丽堂皇。大殿正中供奉着佛祖释迦牟尼的神像，三面墙上的壁画记录着他出家、成佛、修炼的整个历程。左侧配骑狮子的文殊菩萨，右侧配骑白象的普贤菩萨，地下立像左为阿难、右为迦叶。在这里，我们组织团队对大雄宝殿进行了测绘（图 16 ～图 19）。

图 13 朝阳寺第三道山门

图 14 从朝阳寺后院看向洗心亭

图 15 从朝阳寺后院看向大雄宝殿

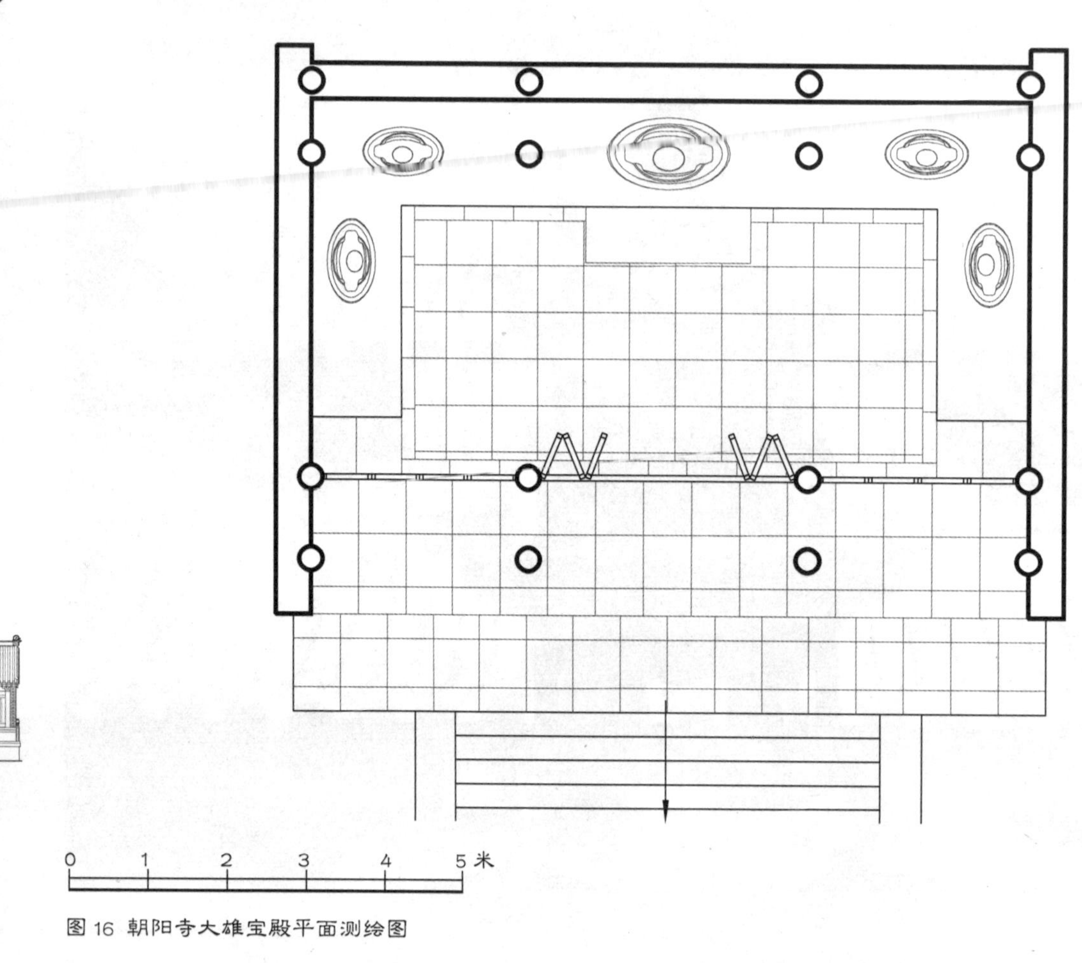

图 16 朝阳寺大雄宝殿平面测绘图

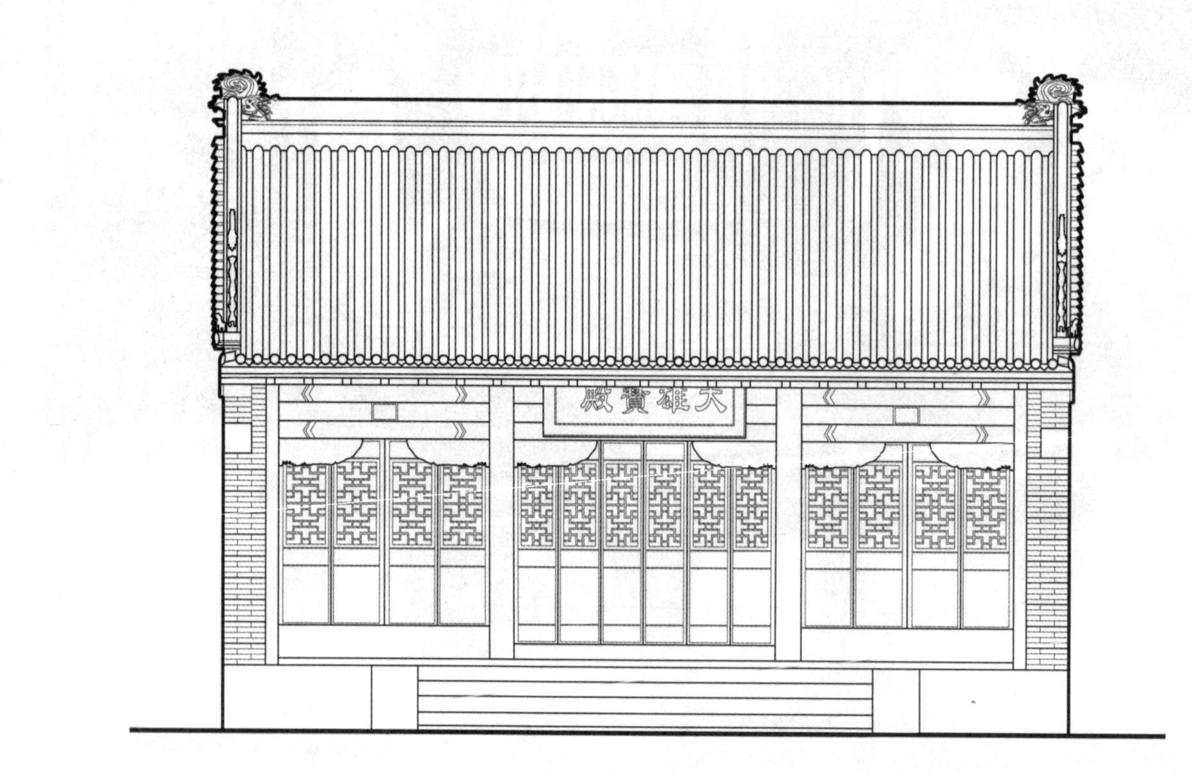

图 17 朝阳寺大雄宝殿南立面测绘图

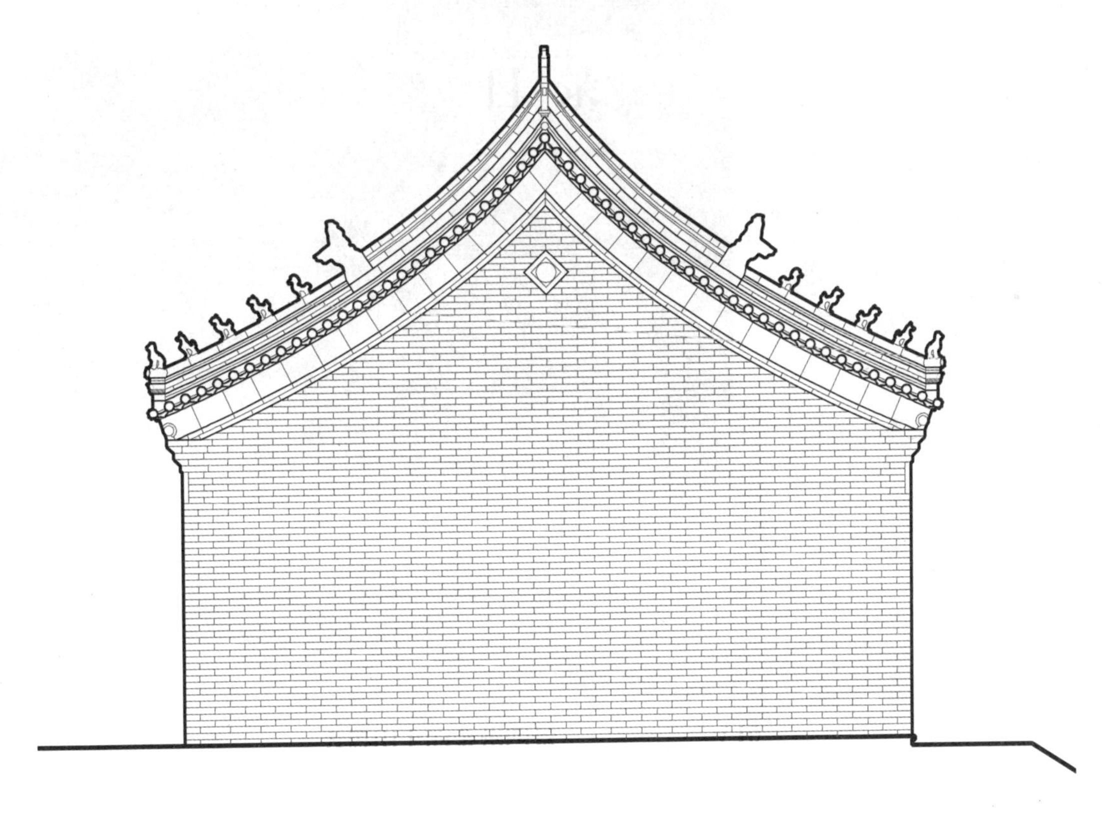

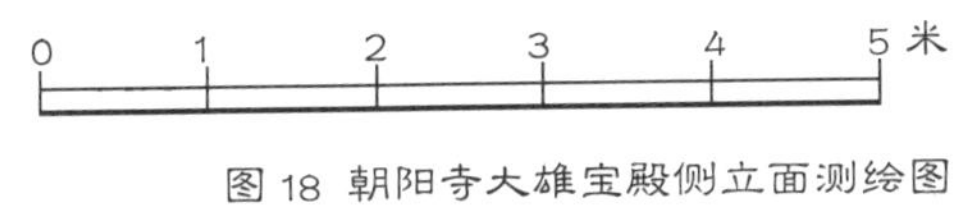

图 18 朝阳寺大雄宝殿侧立面测绘图

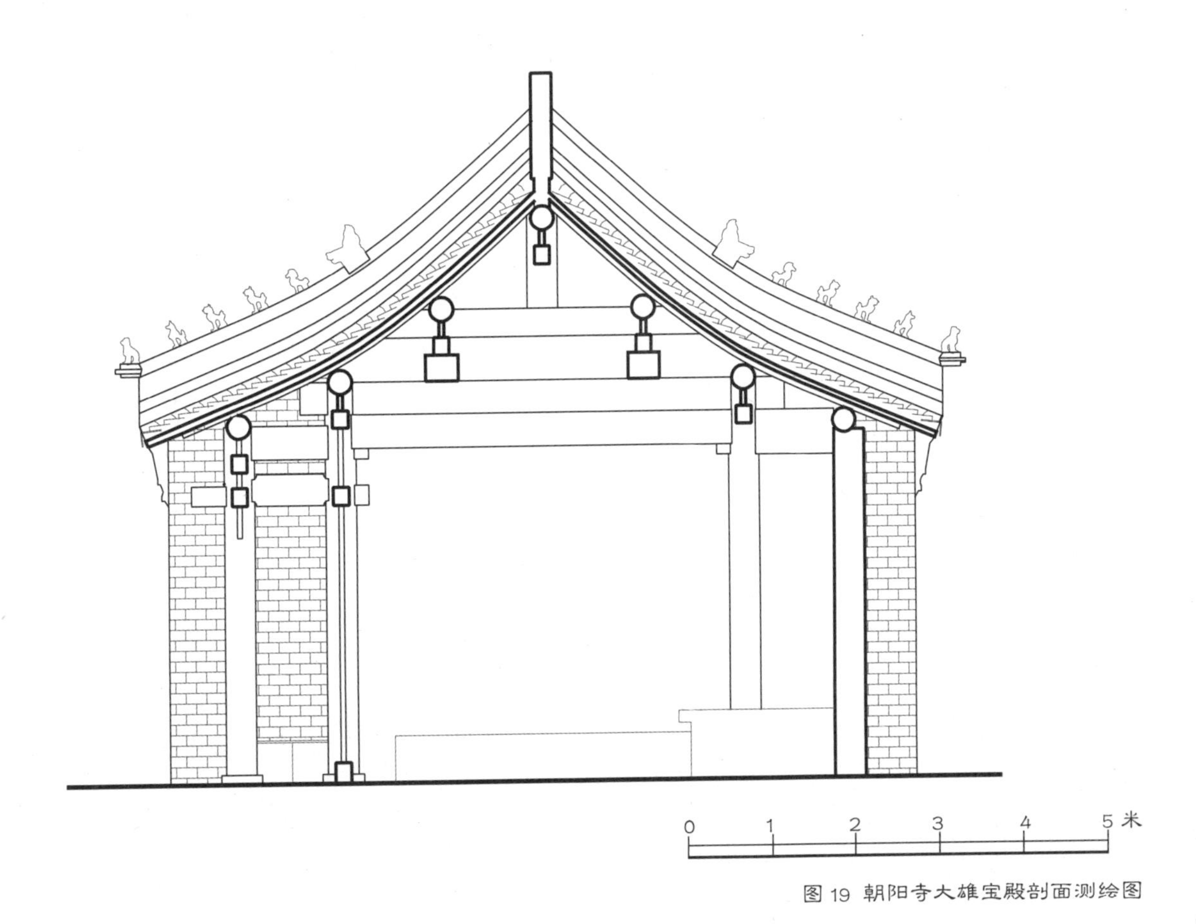

图 19 朝阳寺大雄宝殿剖面测绘图

药王殿（图 20～图 24）内供奉的是中国古代的五位神医。他们在人间时悬壶济世，为民祛病除痛，深得百姓敬爱。这五位神医按其生存时代序列如下：扁鹊、张仲景、华佗、孙思邈、李时珍。

图 20 朝阳寺后院看向药王殿

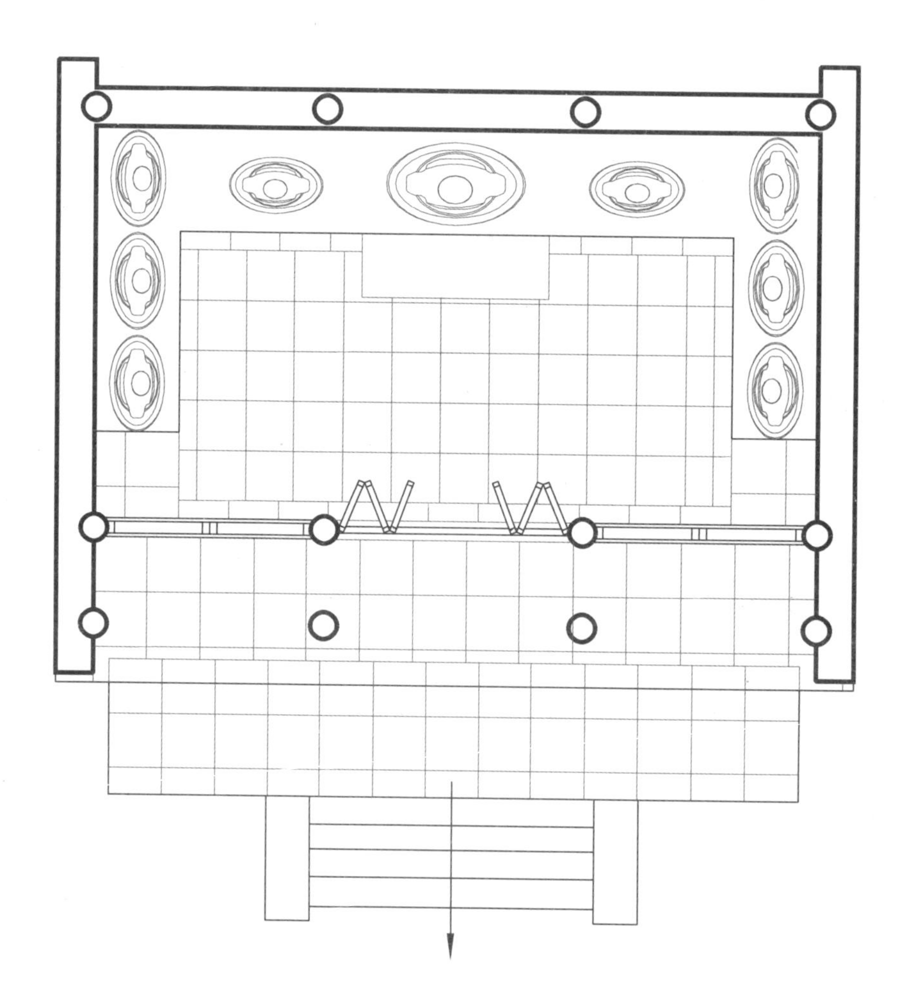

图 21 朝阳寺药王殿平面测绘图

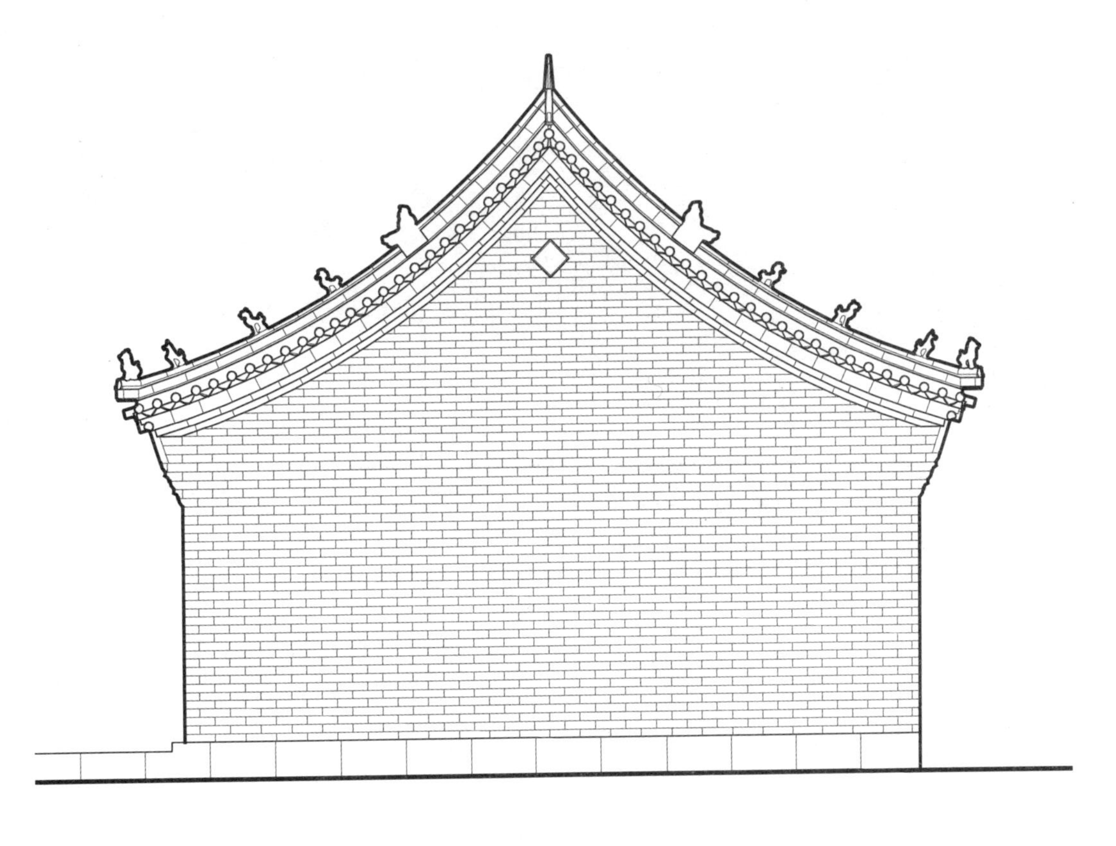

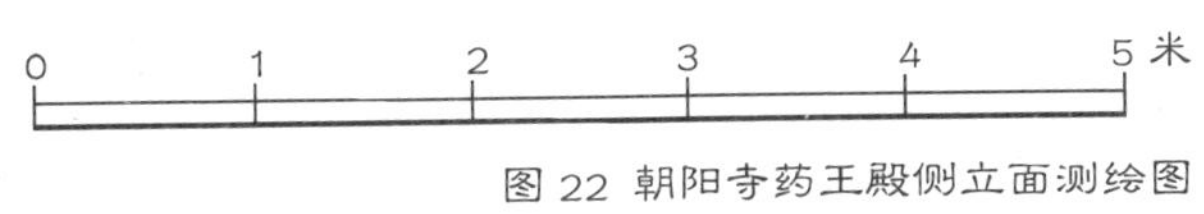

图 22 朝阳寺药王殿侧立面测绘图

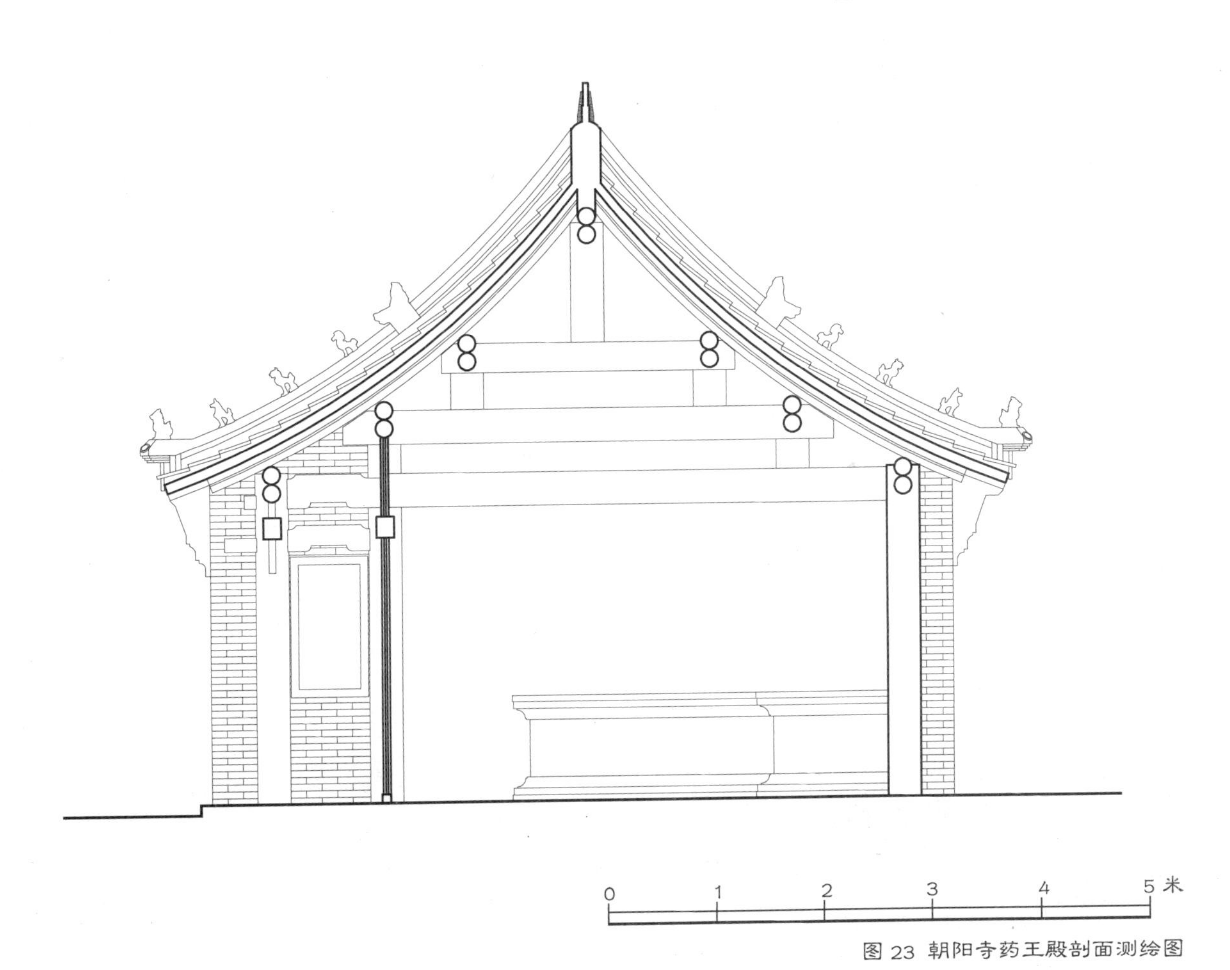

图 23 朝阳寺药王殿剖面测绘图

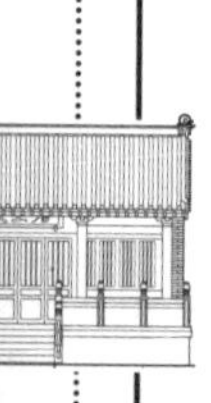

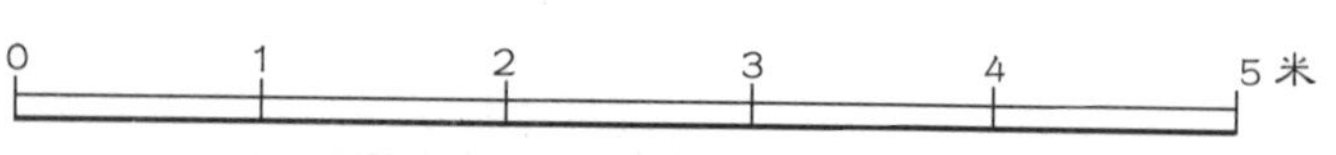

图 24 朝阳寺药王殿南立面测绘图

天后殿（图 25～图 28）内神台上正中供奉着海神娘娘（天后），左祀眼光娘娘，右祀送子娘娘。这三位娘娘都是中国民间的传统神祇，在广大妇女崇拜的神祇中占有重要地位。

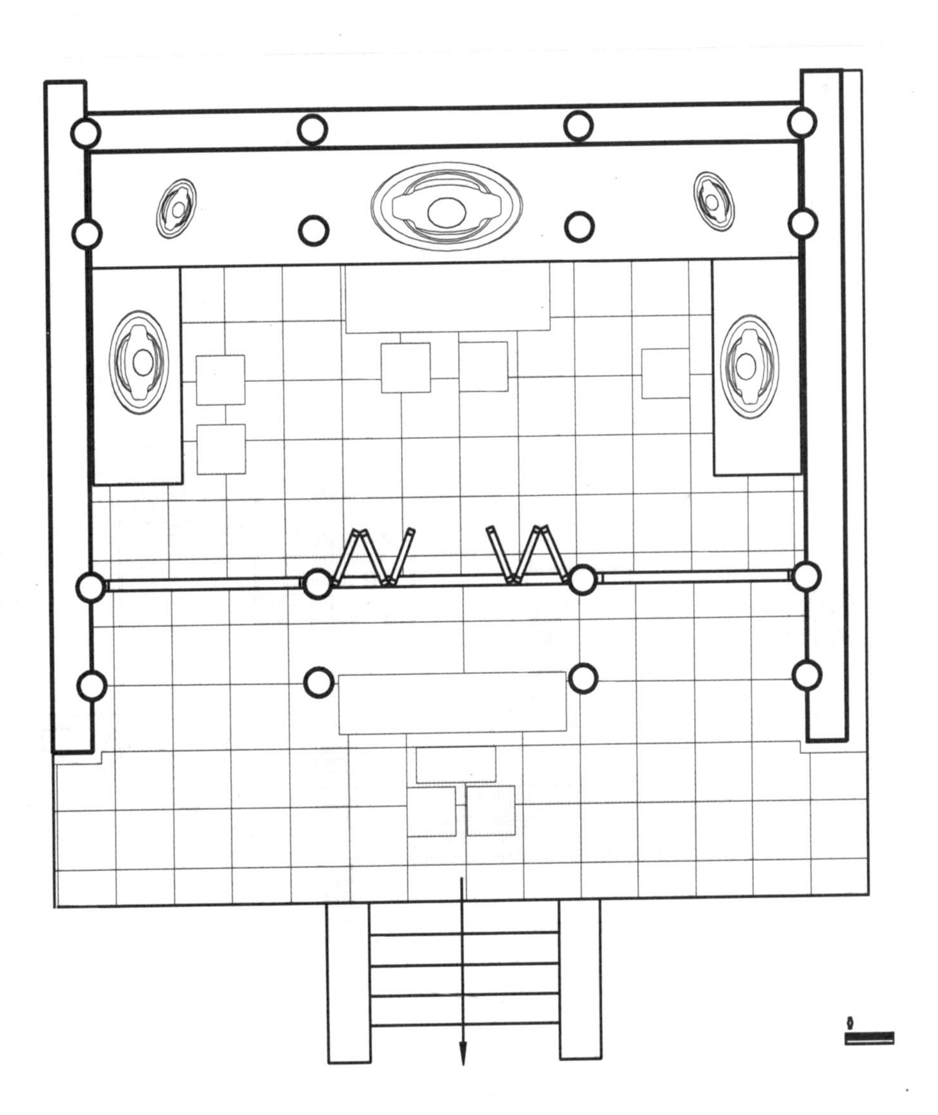

0 0.5 1 1.5 2 2.5 米

图 25 朝阳寺天后殿平面测绘图

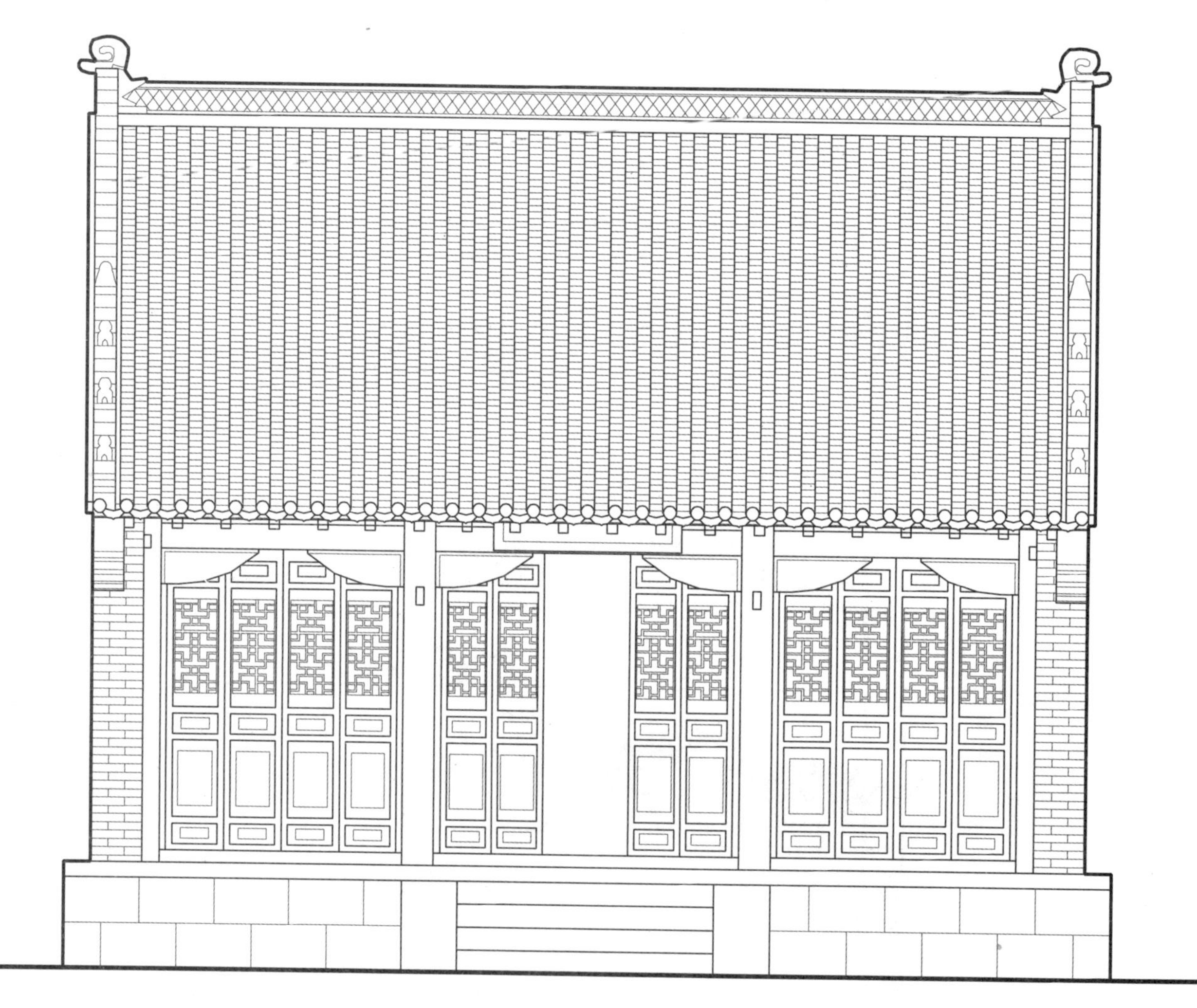

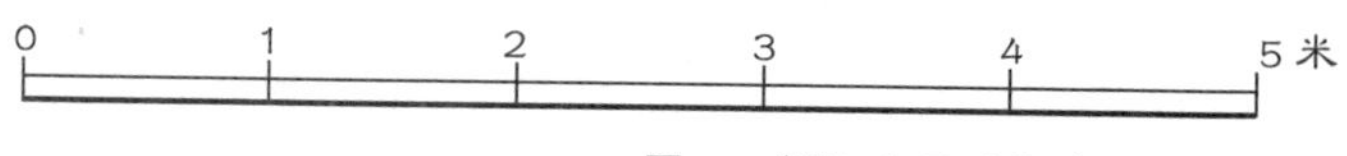

图 26 朝阳寺天后殿南立面测绘图

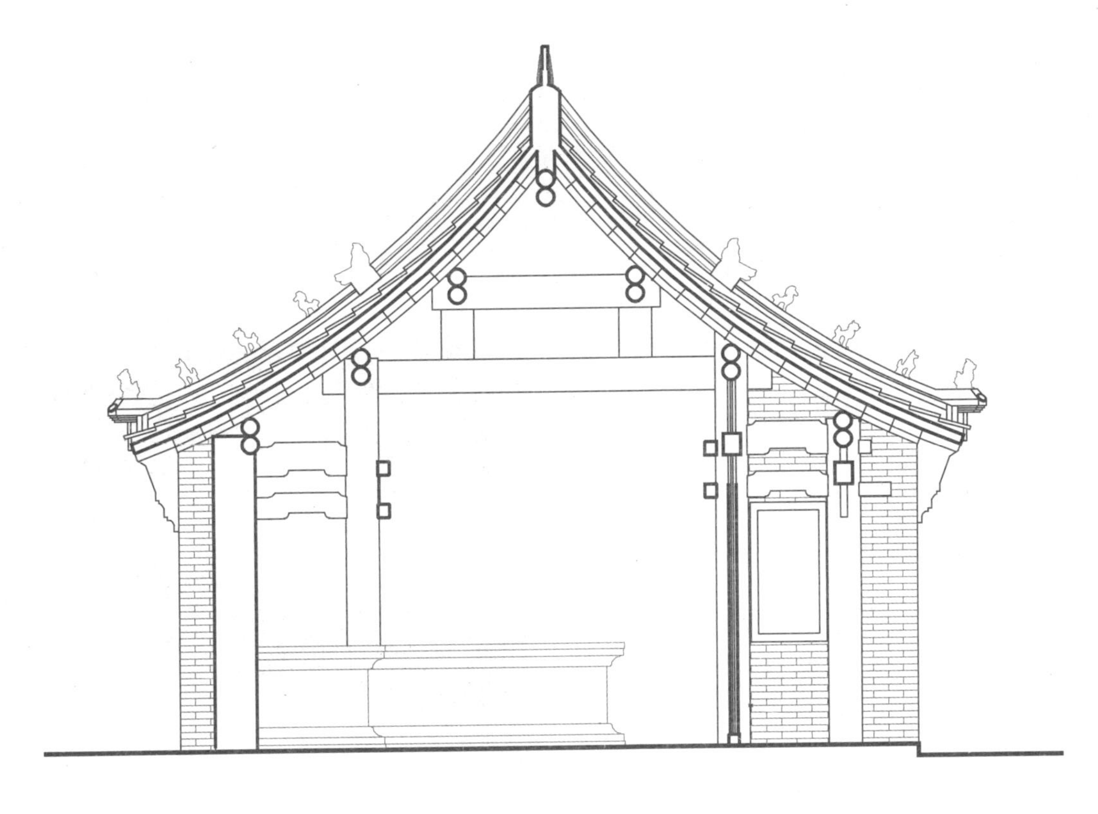

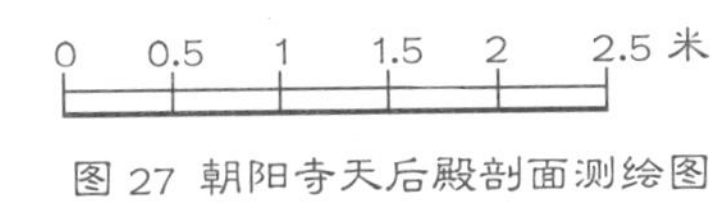

图 27 朝阳寺天后殿剖面测绘图

图 28 朝阳寺后院看向天后殿

在西配殿旁有一座六角凉亭，内悬一口五百余斤的铁钟。凉亭内的彩画是北方少见的苏式彩绘，似一卷卷水粉画轴。

寺院内的东墙外有一七坪，原有一座草亭，有两通清代乾隆、道光年间的石碑，一方石刻，上镌 “俗离台”。与山顶的石鼓寺相比，它因为居于山麓而离俗间近，据说登临此地，便有看破红尘、超凡脱俗之感，因此吸引了无数香客教徒、善男信女纷至沓来。

在大雄宝殿的后面即是菩萨顶，其为朝阳寺的最高点，左右牌匾上各书“风声松声翠竹声声声自在”“山色水色烟霞色色色皆空”。朱漆色菩萨顶匾额下的拱门里面，立着一尊观音菩萨。

朝阳古刹，既是大黑山宗教文化的主要载体，又保存明清时期中国传统佛教建筑的风格，还是佛教净土的弘法场所之一。

朝阳寺的山门（图 29）为筒瓦重檐歇山顶，檐下斗拱精巧华丽，门楣上高悬一蓝底金字大匾，上书“朝阳寺”三个大字，乃著名书法家启功先生所题；山门背面匾额上书“万德庄严” ，为原中国佛教协会会长赵朴初先生所书。整个山门看起来十分巍峨雄伟。

图 29 从朝阳寺法轮桥看向第二道山门

拆解朝阳寺

药师殿屋檐出挑部分可见一红色长条板，叫作望板，其作用是承托屋面的苫背和瓦件。望板下排列短木称为椽子（图 30），椽子随着屋面的坡度而铺设，其作用亦是承托屋面瓦作。从药师殿的正立面可看到，上层椽头绘有黄底绿字卍字符，下层椽头绘有蓝色椂花。

图 30 朝阳寺屋檐下椽子

瓦当是屋面瓦垄下端的特殊瓦片，兼有装饰和护椽功能。滴水，顾名思义其主要作用就是使屋面上的水从此处流下，同样是为了保护椽子。瓦当和滴水虽不起眼，但不同的图案、形状、材质都有着不同的文化内涵，是一种社会历史文化的浓缩和沉淀。

药师殿的瓦当上刻有常见的兽面纹，滴水上刻卷草纹（图 31）。虽然瓦当、滴水做工不甚精致，却凸显了一种简洁古朴之美。

图 31 朝阳寺药师殿屋顶瓦当、滴水

朝阳寺正殿屋顶的正脊两端各有一个张口吞脊、鳞尾高卷、似龙非龙的石雕构件，称为螭吻（图 32、图 33）。据说螭吻为龙的第九子，人们把它放在屋顶上，主要起装饰作用。此外，古建筑以木材为主，较易起火，螭吻做张口吞脊状，有兴雨吞火的寓意。

屋顶两边垂脊上的两个较大的构件称为垂兽（图 34、图 35），它位于蹲兽之后，内有铁钉，作用是防止垂脊上的瓦件下滑，加固屋脊相交位置的结合部位。

图 32 朝阳寺屋顶正脊螭吻侧立面测绘图

图 33 朝阳寺屋顶正脊螭吻

图 34 朝阳寺屋顶垂脊垂兽测绘图

图 35 朝阳寺药王殿屋脊脊兽

在朝阳寺正殿垂脊的前端还有六个泥土烧制的小兽，称为走兽，它们分别是仙人指路、龙、凤、狮子、天马、海马（图 36）。走兽数目最多可达到 10 个，一般情况下都是奇数。一排排造型生动、神态活泼的小兽使青瓦灰墙的大殿更富有生气。

图 36 朝阳寺大雄宝殿屋脊脊兽

檐柱间的雀替（图37）是整个大殿最为精致的构件之一。雀替是安置于梁或额枋与柱交接处承托梁枋的木构件，用来减少梁枋跨距，增加抗剪能力，形式做法多样。朝阳寺中的雀替为凤舞祥云镂雕，雕工精细，造型生动。

图37 朝阳寺凤舞祥云雀替

朝阳寺主殿采用抬梁式构架（图38）。抬梁式（叠梁式），是中国古代建筑木构架的主要形式。这种构架的特点是，在构架的垂直方向上，重叠数层瓜柱与梁，梁头与瓜柱上安置檩，檩间架椽子，构成屋顶的骨架，形成上小下大的结构形状。这种构造方式具有较好的抗震性能。

抬梁式结构坚固，室内柱子较少甚至无柱，从而使室内空间宽阔，做出美观的造型、宏伟的气势。抬梁式构架用料较大，消耗木料较多。

枋是建筑正立面两柱之间起联系与承重作用的水平构件，断面一般为矩形。朝阳寺额枋上彩绘多为旋子彩绘（图39）。穿过雄伟的第二道山门（图40）、质朴的第三道山门，便来到朝阳寺的大雄宝殿、天后殿，殿内额枋枋心绘有各种花卉以及山水图案（图41、图42），藻头和箍头搭配常见的旋子彩绘，色调以蓝绿为主，风格朴素恬淡。

图38 朝阳寺抬梁式梁架

图 39 朝阳寺额枋上旋子彩绘

图 40 朝阳寺第二道山门

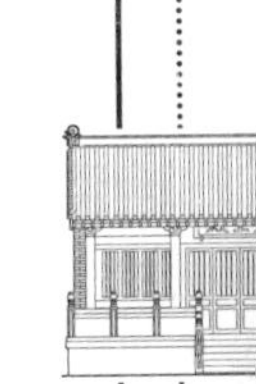

图 41 朝阳寺大雄宝殿额枋测绘图

图 42 朝阳寺天后殿额枋测绘图

朝阳寺中山门和各殿前筑有垂带式石阶（图43）。垂带就是台阶踏跺两侧随着阶梯坡度倾斜而下的部分，多由一块规整的、表面平滑的长形石板砌成，所以叫垂带石。山门前出垂带式石阶七级。天后殿建于青石平台之上，明间前出垂带式石阶五级。

柱础是支撑木柱的基石，又称柱顶石，可承传上部荷载，并避免木柱柱脚受潮受损。朝阳寺各殿的柱础皆为素覆钵式，简洁素雅。

朝阳寺内栏杆均为条石制成（图44），望柱头大多为瓶状，寻杖和栏板上没有任何雕饰，显得十分粗犷。

朝阳寺主殿，明间作四扇隔扇门（图45～图49），次间和稍间作四扇隔扇窗。门窗皆漆为红色，窗棂上以木条拼成八角形图案景窗样式，即八角景窗。不等边八角样式棂花可以使房内得到较大的采光面积。窗棂使室内外形成虚实对比，有良好的装饰效果。隔扇门和隔扇窗的裙板上有金漆彩绘的二龙嬉戏等图案，十分精美。

图43 朝阳寺天后殿台基

图44 朝阳寺第三道山门前石栏杆

图 45 朝阳寺大雄宝殿隔扇门测绘图

图 46 朝阳寺隔扇门测绘图之一

图 47 朝阳寺隔扇门测绘图之二

图 48 朝阳寺隔扇门测绘图之三

图 49 朝阳寺隔扇门

朝阳寺各殿外檐遍施彩绘（图 50、图 51），穿插枋上绘有各种花卉、瓜果图案；大额枋与小额枋之间为镂空牡丹木雕，雕工精湛，栩栩如生。

图 50 朝阳寺檐下梁枋彩绘

图 51 朝阳寺药王殿檐下彩绘

朝阳寺中各种塑像随处可见。天后宫前塑有天后坐像（图 52），造型优雅，神态慈祥；大雄宝殿前廊两侧有哼哈二将（图 53），皆体魄精壮，姿态威猛。主殿檐下还立有持琵琶的东方持国天王、持宝剑的南方增长天王的雕像（图 54），威势凛然。寺中还有一尊卧佛塑像，通体鎏金，金光灿烂。

图 52 朝阳寺天后宫前天后坐像

图 53 朝阳寺大雄宝殿前哼哈二将之一

图 54 朝阳寺大雄宝殿前南方增长天王

寺内正殿前有一双耳铜皮香炉(图55),耳部饰有云雷纹,炉身呈长方形四足鼎状,上面浮雕为祥云纹样,正中刻有"朝阳寺"三字。器形厚重大方,雕刻精致,形象威猛。

大殿檐下悬有一口大钟(图56),钟的正面刻有"大连金州区朝阳寺"字样,钟体刻有《般若波罗蜜多心经》经文,造型古朴,厚重。

朝阳寺中有石碑数通(图57、图58),汉白玉碑身,首檐上蟠龙浮雕,上刻金色篆书大字。碑座为传说中好负重物的龙子赑屃。

图55 朝阳寺大雄宝殿前双耳铜皮香炉

图56 朝阳寺大雄宝殿檐下大钟

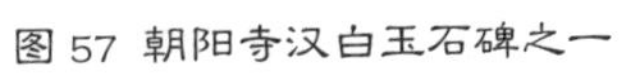

图 57 朝阳寺汉白玉石碑之一

图 58 朝阳寺汉白玉石碑之二

朝阳寺内石雕众多，寺中有一块酷似大鱼的巨石，被命名为“雄鱼石”（图59）。大雄宝殿的台基下有一经幢（图60），由下到上由大到小三个莲座。院落一角有一石瓶（图61），置于莲花座之上，瓶身没有纹饰，但线条流畅。院落中有一座七层宝塔（图62），塔身下为莲花座，塔身每层都刻有佛像和颂词。

图59 朝阳寺雄鱼石

图60 朝阳寺经幢

图61 朝阳寺石瓶

图 62 朝阳寺七层宝塔

云乱万山青的石鼓寺

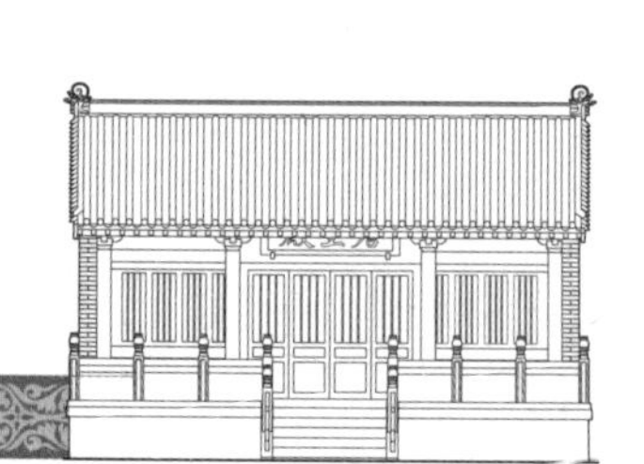

石鼓寺原称唐王殿，始建于隋唐，相传由唐初大将尉迟敬德为李世民所修。李世民东征高句丽时在此驻军，所以这里的许多遗迹都与李世民有关，故名唐王殿。随着朝代变迁，唐王殿逐渐变成与佛、寺共存的局面（图 63）。清乾隆五十年，金州汉军正黄旗人鞠行金募化重修唐王殿，后嘉庆、道光和民国唐王殿又经过了多次的修缮。2002 年寺院重修后，正式变为佛教活动场所。为了正本清源，2006 年唐王殿和石鼓寺剥离，石鼓寺维持现状由佛教管理，唐王殿在大黑山选址重建（图 64）。寺前曾有圆石两块，山风鼓动，其敲击声如鼓，因此得名石鼓寺。石鼓寺是辽南地区著名的古刹，1993 年被列为大连市第一批重点文物保护单位。

图 63 石鼓寺历史照片

1. 天王殿
2. 钟楼
3. 鼓楼
4. 祖师殿
5. 财神宝殿
6. 太岁殿
7. 唐王殿
8. 弥勒殿
9. 大雄宝殿
10. 观音殿

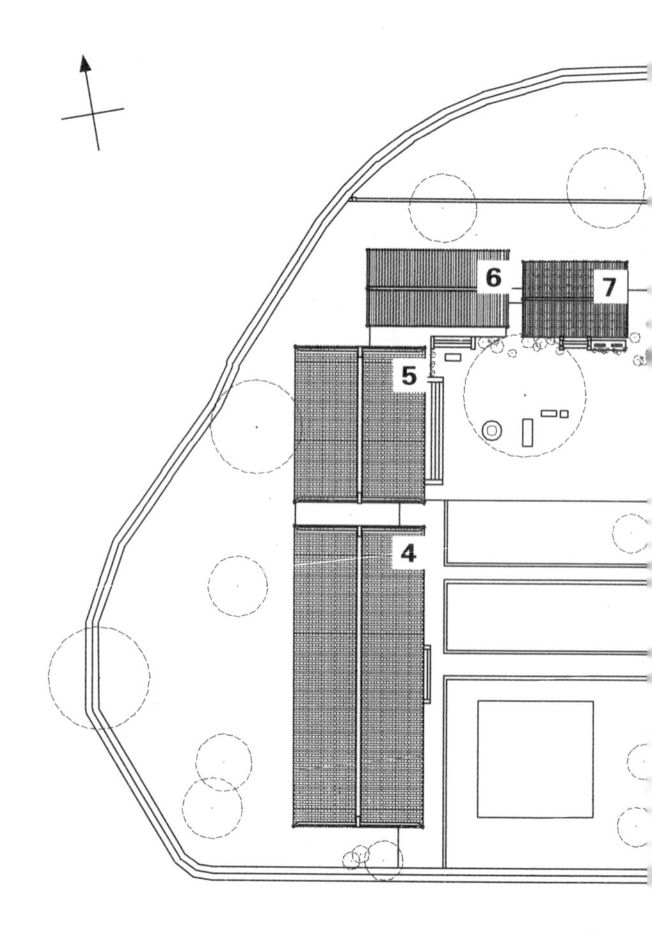

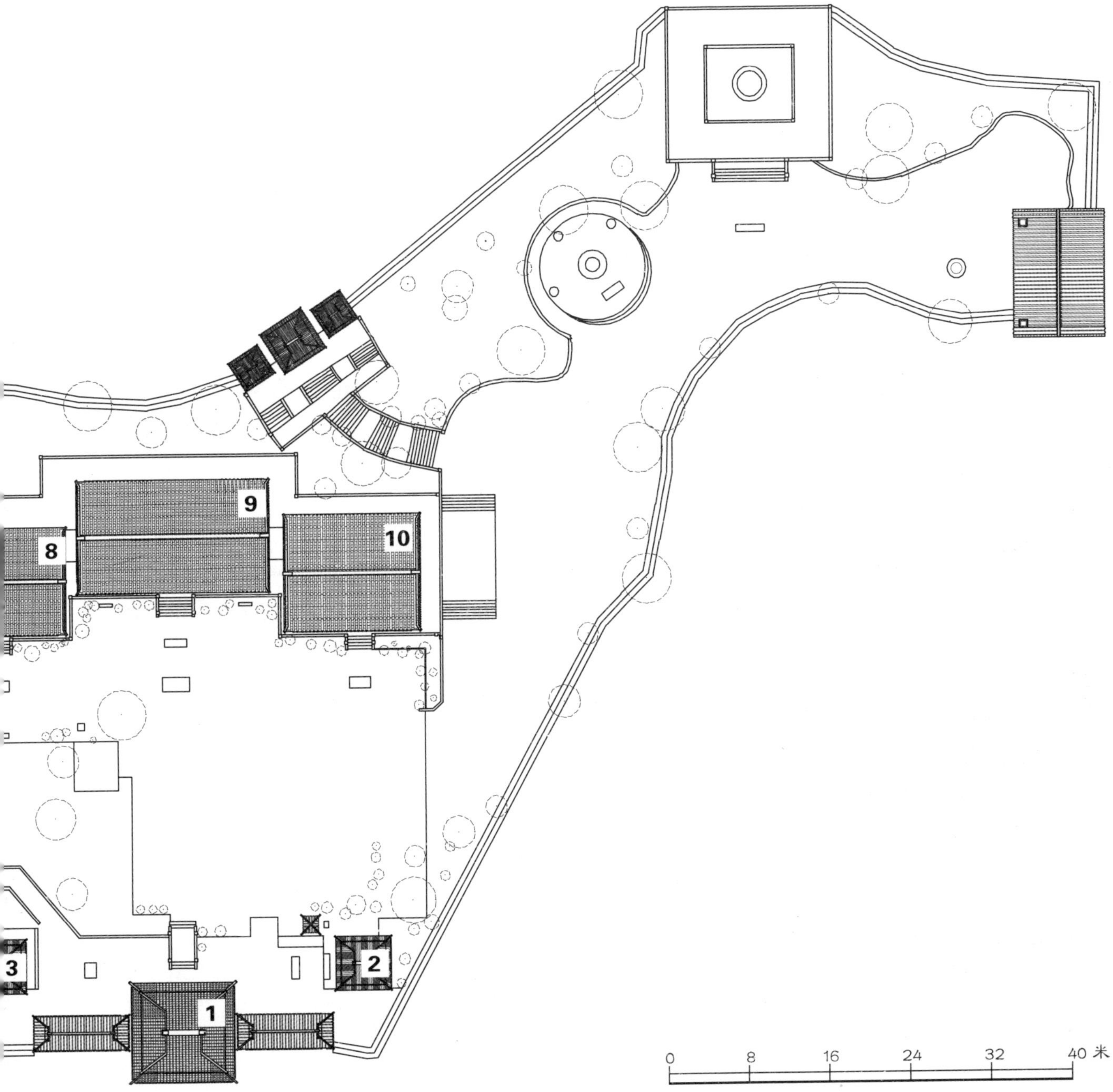

图 64 石鼓寺总平面测绘图

石鼓寺位于大黑山主峰下的南侧，是大黑山海拔最高的寺庙。由山门（图 65）步入寺内，首先映入眼帘的是三座大殿，正中是大雄宝殿（图 66），左侧为弥勒殿（图 67），右侧为观音殿。在院落的西侧是念佛堂和财神殿。寺院内千年古银杏树枝叶繁茂，院中香炉中香烟袅袅，让人仿佛置身于人间仙境之中。在三座大殿的前面，树立着记录石鼓寺在不同年代修复的重修碑。在石碑旁边还有象征寺院名称由来的三个石鼓，石鼓上刻着经文。

寺内景致颇多，有扳倒井、养病床、点将台、舍身崖、仙人桥、仙人台等。

图 65 石鼓寺的山门天王殿

图 66 从石鼓寺院内看向大雄宝殿

图 67 石鼓寺院内看向弥勒殿

来到大雄宝殿门前，殿门的一副对联道出了深奥的佛理："不住此岸不住彼岸不住中流问君何处安身，无过去心无现在心无未来心还汝本来面目。"走进大殿，让人瞬间感受到了佛法的庄严。唐王殿（图68～图72）内供奉着唐太宗李世民的神像，其当政在位时全力固守疆土，维护统一。继隋朝征打高句丽之后，唐太宗也多次对高句丽进行东征，并收复大量失地，他曾命将领张亮率船只渡海攻打卑沙城。

图68 从石鼓寺院内看向唐王殿

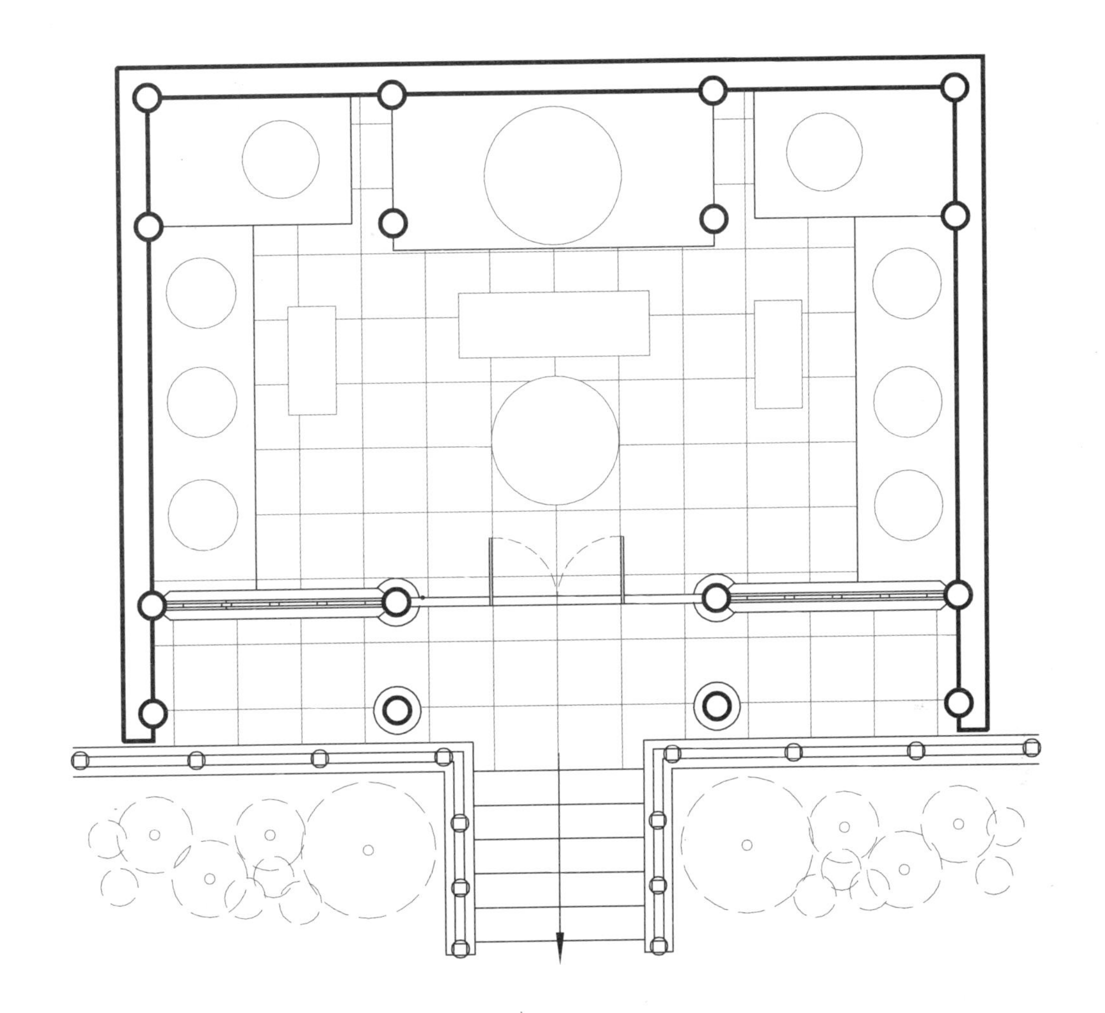

0 0.5 1 1.5 2 2.5 米

图 69 石鼓寺唐王殿平面测绘图

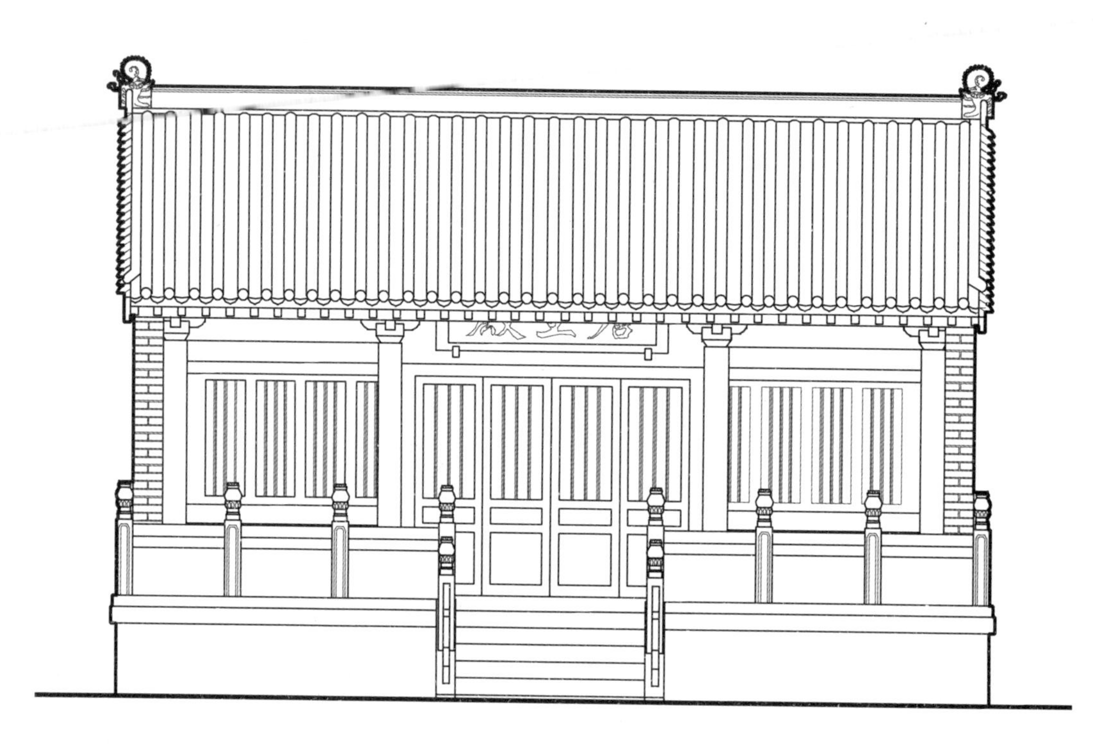

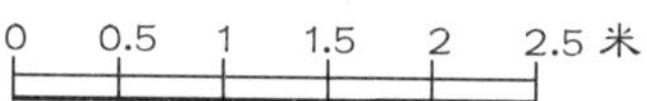

图 70 石鼓寺唐王殿南立面测绘图

在唐王神像的一左一右，分列着他的麾下重臣魏征和徐茂公，这二人都曾鼎力辅佐过唐太宗，在历史上也都赫赫有名。大殿的左右两侧均为唐王手下战将，东面是李靖和尉迟敬德，西面是薛仁贵和张亮。这几位战将均骁勇威猛，足智多谋。薛仁贵因古典小说《薛仁贵征东全传》而脍炙人口。据史书记载，唐贞观十九年，张亮率师由东莱渡海，袭卑沙城。石鼓寺院内外古迹众多，弥勒殿门的对联道出了人生的真谛："大度包容了却人间多少事，满腔欢喜笑开天下古今愁。"

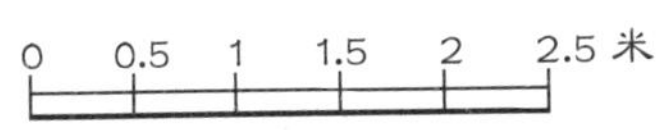

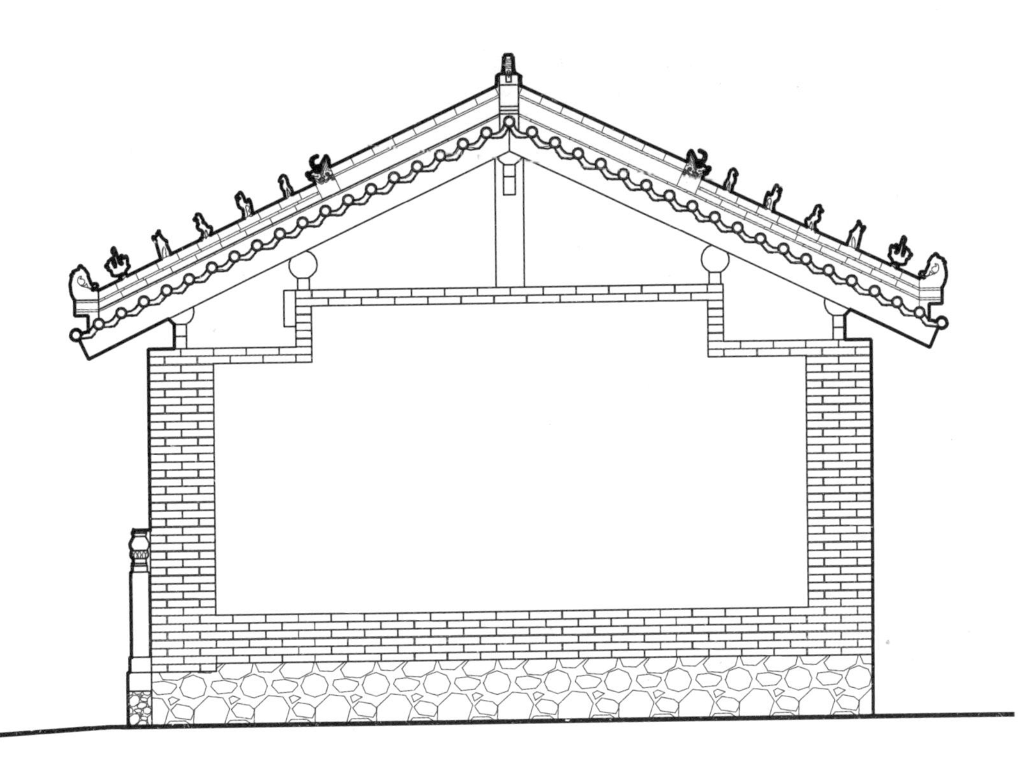

图 71 石鼓寺唐王殿侧立面测绘图

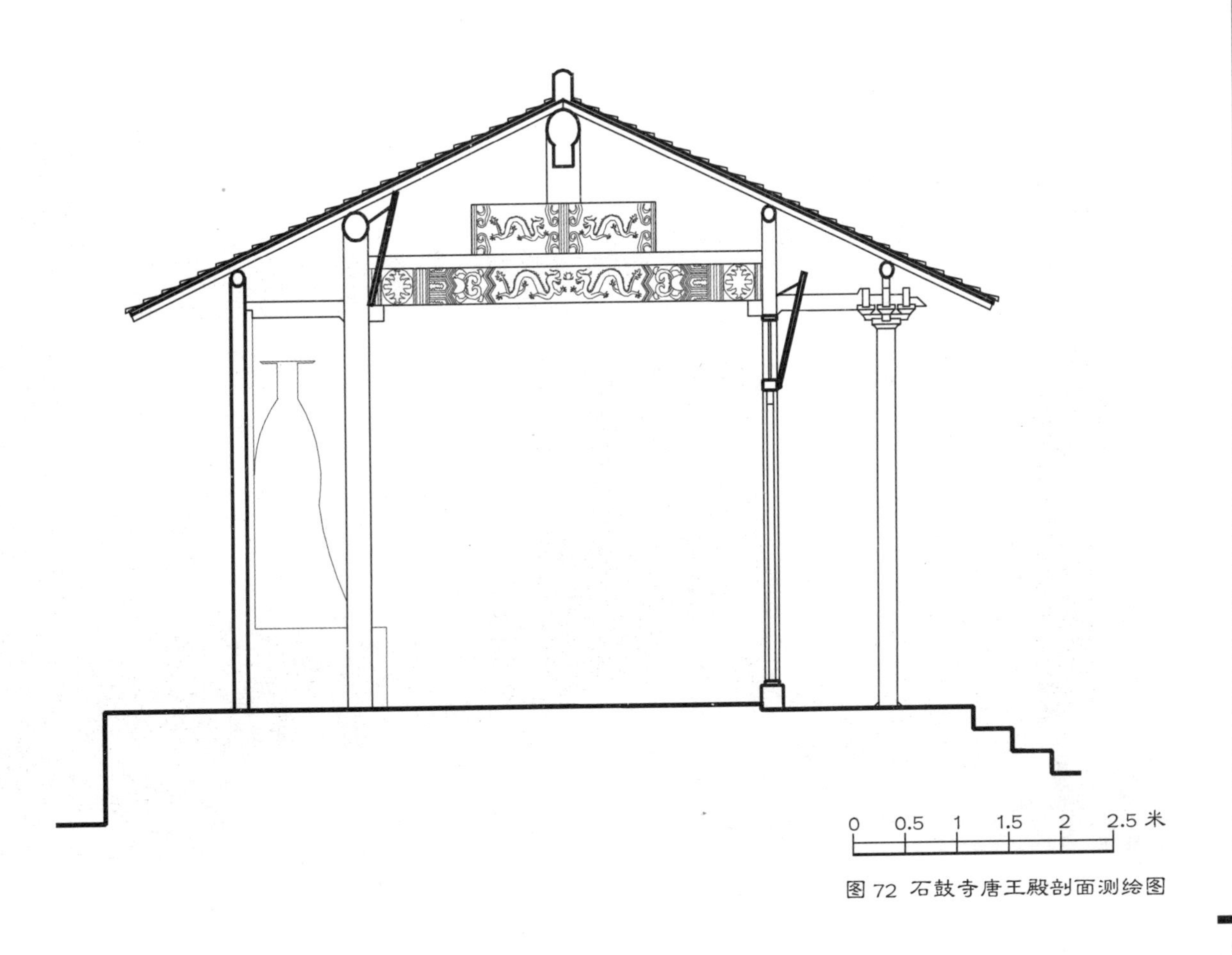

图 72 石鼓寺唐王殿剖面测绘图

太岁殿（图 73 ～图 75）为石鼓寺遗构。在它的前面，竖立着记录石鼓寺在不同年代修复的重修碑。清道光十年重修碑上（图 76），记录了清乾隆五十年汉军正黄旗人鞠行金重建石鼓寺，嘉庆十七年韩希顺、嘉庆十九年汉军正黄旗人韩帮知、道光九年韩希顺胞弟韩希德等捐修庙宇，并在此出家以及他人捐助“共成盛世”之事。

图 73 从石鼓寺院内看向太岁殿

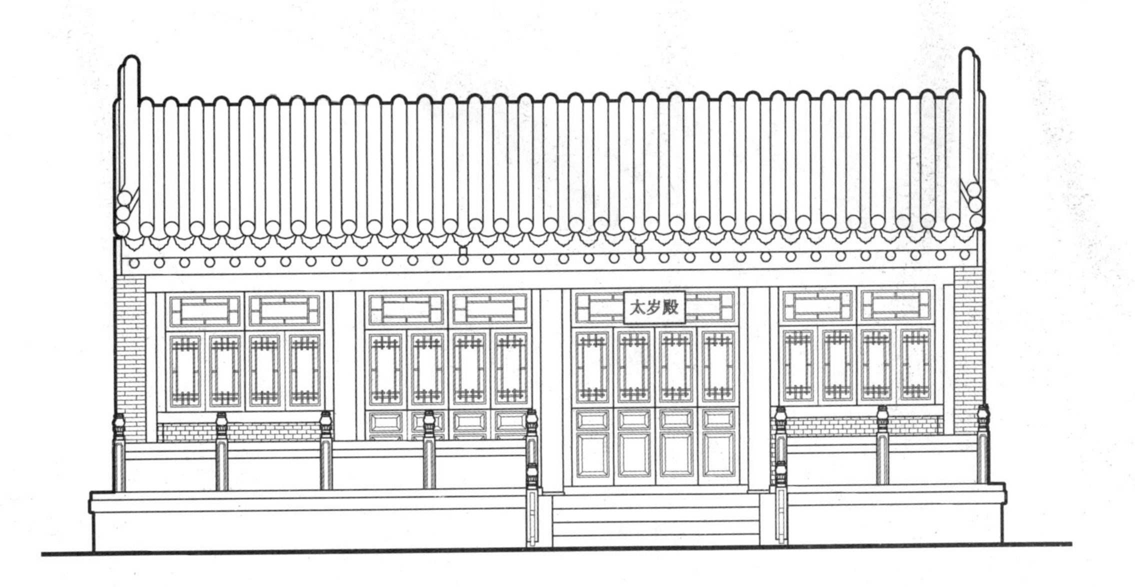

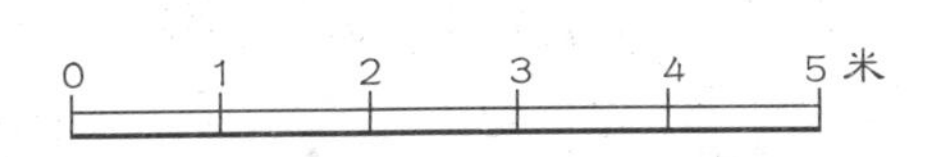

图 74 石鼓寺太岁殿南立面测绘图

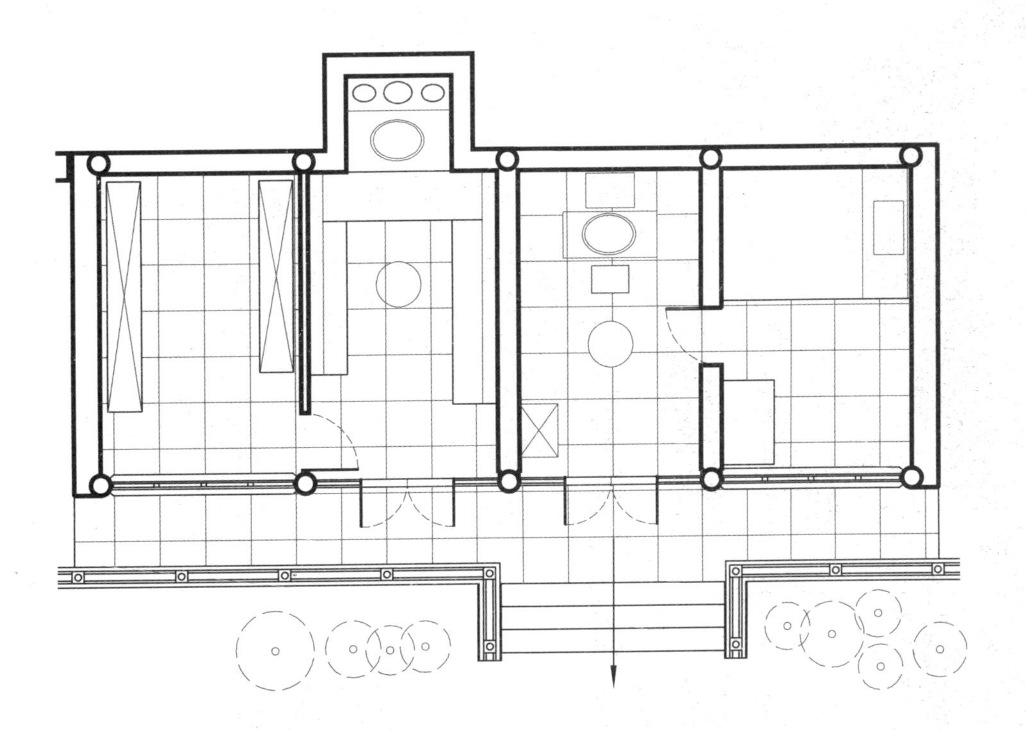

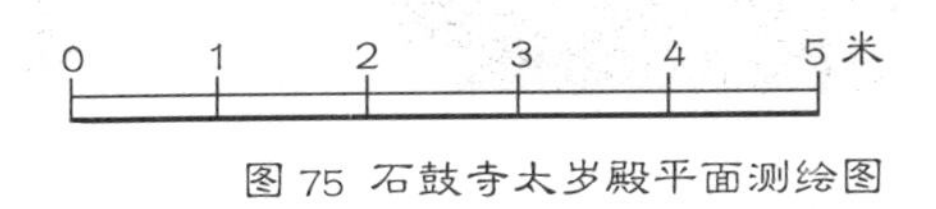

图 75 石鼓寺太岁殿平面测绘图

禁止

图 76 石鼓寺大雄宝殿前石碑及香炉

从石鼓寺的院内向北门走，在北门的附近有一尊高 9.9 米的观音铜像（图 77）高高屹立，在大黑山第二主峰的映衬下，显得更加壮观和肃穆。

在石鼓寺的后面，则是雄伟壮观的卑沙城，殿北十丈处的岭脊上是点将台。点将台正西，有一宽约十米、高达上百米的悬崖，这就是“舍身崖”。舍身崖上有一个雕窝，过去曾有大雕栖息，金州人视其为神雕，倍加珍爱。早年间，常有道士从这里坠崖身死，谓之“羽化成仙”。因此，这个悬崖就被称为“舍身崖”（图 78）。

在石鼓寺的南面有仙人桥和仙人台。仙人桥是由无数带有裂巨石组成的宽约一米、长约六七米、高数十米的石头过道。所谓仙人台，是一块方桌形的平顶巨石周围排列着许多凳子形的小石。仙人石和仙人桥两旁的百丈绝壑中，常常布满云雾。如果能赶上这种时候登临此处，会有羽化而登仙的感觉。关于仙人桥和仙人台名称的由来，传说古时每当月明时分，大黑山内的雕、鹿、虎、狐、人参、蟒、兔等神仙便聚饮于此，故以“仙人”命名。

图 77 从石鼓寺北门看向观音铜像

图 78 石鼓寺舍身崖上殿宇

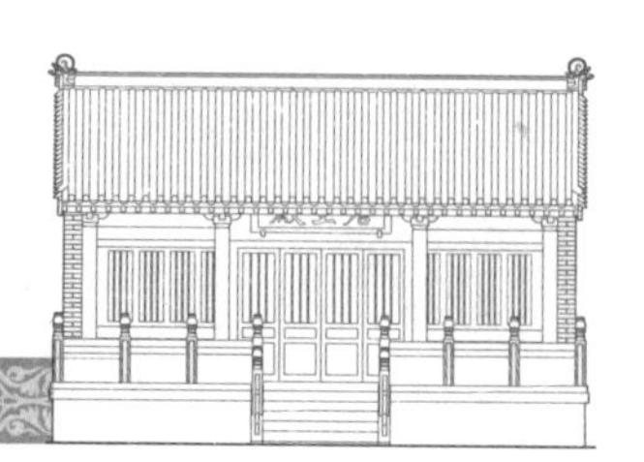

拆解石鼓寺

石鼓寺内建筑的椽子和望板皆漆为朱红色（图 79）。

石鼓寺大雄宝殿为唐代风格，鸱尾是其中一个典型的特征（图 80）。

图 79 石鼓寺唐王殿屋顶瓦当滴水和椽子

图 80 石鼓寺大雄宝殿屋顶鸱尾

不同等级的建筑，其屋脊装饰也不同（图 81）。仙人是垂脊上最下面骑凤的小人物，又称真人或冥王，有绝处逢生、逢凶化吉的寓意。仙人不单纯是屋脊上的装饰物，还是屋脊上不可或缺的组成部分，它的作用是固定垂脊下端的第一块瓦件。垂兽是后面的较大的、带有双头的兽头。垂兽中间掏空，用来钉垂兽桩，不仅具有装饰作用，而且起到了加固屋脊相交位置的结合点的作用。走兽是仙人和垂兽之间的一排昂首蹲坐的小兽，装饰性与实用性并存。由于屋面本身具有一定的斜度，为了防止脊瓦下滑，在交梁上用铁钉加以加固。为了掩饰钉子的痕迹和防止钉子被雨淋，便在上面饰以走兽。它们的存在，完美地起到了密封、防漏和加固的作用。

图 81 石鼓寺唐王殿屋脊脊兽

大木是指木构架建筑中的主要承重部分（图 82），如梁、柱、檩、枋（图 83、图 84）、斗拱等。清式大木做法可分为大木大式和大木小式两类。

使用斗拱的大木大式建筑有时又称为殿式建筑，一般用于宫殿、庙宇、官署、府邸中的主要殿堂。面阔可自五间多至十一间，进深可多至十一桁。可使用周围廊、单檐或重檐的庑殿、歇山屋顶、琉璃瓦或筒瓦屋面、兽吻或斗拱。建筑尺度以斗口作为衡量的标准。

大木小式建筑用于一般民居和次要房屋。面阔三间至五间，通常进深不多于七檩，大梁以五架为限。只用单檐硬山和悬山屋顶，不用斗拱和琉璃瓦。建筑尺度以檐柱径及明间面阔为标准。

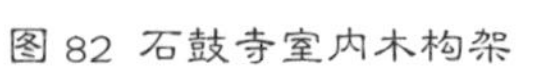

图 82 石鼓寺室内木构架

图 83 石鼓寺唐王殿木构架测绘图

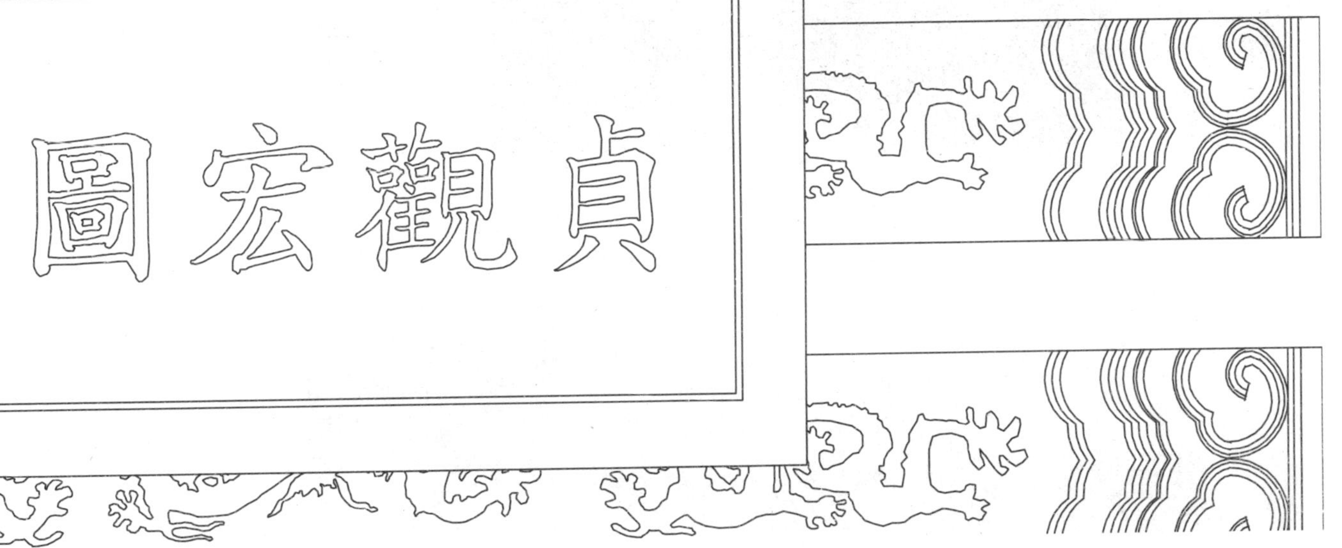

图 84 石鼓寺唐王殿额枋测绘图

石鼓寺前三殿共用同一台基。台基样式为普通基座，基座不高，无月台。台基，石砌错缝，边缘与院墙相接，无角柱。正中的大雄宝殿采用垂带踏跺，殿宇之间采用如意踏跺。台基最下层的石物件突出延伸，形成了最下层踏步，整体性地处理了台基侧面与地面交接处构造。

石鼓寺大雄宝殿明间前出垂带式石阶五级（图 85），垂带上有栏板栏杆，栏板上有莲花浮雕，望柱为宝瓶状，做工精细，古朴典雅。

图 85 石鼓寺唐王殿台基

柱为主要垂直承重构件，屋面荷载自上而下经它传至基础。柱依部位可分为檐柱、金柱、中柱等。柱础（图 86）的主要功能是将柱子所承载的房屋的重量传递到地面，以及隔绝土地中的潮气，以免侵蚀木柱。柱础的直径多为“其方倍柱之径”。柱础有许多不同的形式，较为常见的是覆盆式。石鼓寺大雄宝殿正立的柱子嵌入中，柱础为简化的覆盆式。值得一提的是，一般宫殿建筑，柱子为木制圆柱，柱础为石制，而石鼓寺大雄宝殿正立面中间两根柱子为石制，且一体成型，实属罕见。

栏杆表面有着精美的浮雕印迹，栩栩如生，精美绝伦。刀法圆润峻秀，刻工精湛。线条流畅，生动传神。首檐上面和石柱两侧的雕刻，工艺精致，妙趣横生。石鼓寺内台基、走廊处，随处可见栏杆（图 87、图 88）身影，均为石制，起到了丰富寺内景观的作用。

图 86 石鼓寺唐王殿柱础

图 87 石鼓寺唐王殿石栏杆之一

图 88 石鼓寺唐王殿石栏杆之二

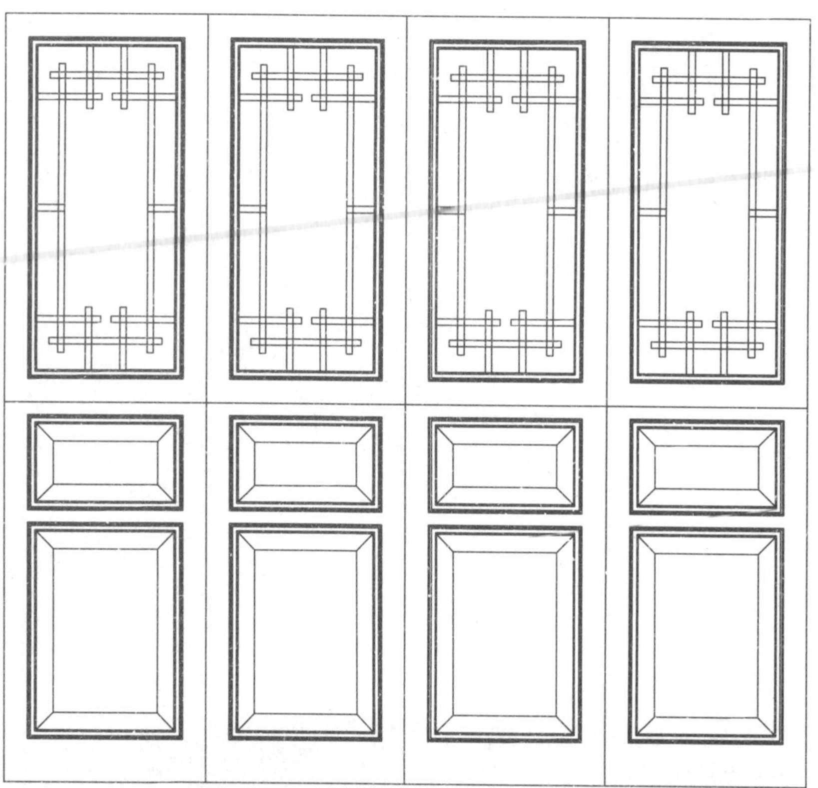
图 89 石鼓寺太岁殿隔扇门测绘图

石鼓寺明间开有四扇隔扇门，隔扇门上为最为简单的直棂样式（图 89 ～ 图 91）。直棂窗在中国，从汉代以来就被长期运用。此外还有卧棂窗，即直条是横向的；破子棂窗，则是将方形的棂条破分成两根三角形棂条，使直棂的棱角冲外。

图 90 石鼓寺唐王殿隔扇门

图 91 石鼓寺太岁殿隔扇门

大雄宝殿前方院落正中为一双耳铜皮铸成的铜炉，炉身成呈长方形四足鼎状，正中刻有“石鼓禅寺”四字。炉身下部呈四足鼎状，肩饰图案。造形厚重大方，雕刻精致，形象威猛。经近期修葺之后，香火渐旺，香客络绎不绝。

寺中正殿前方一侧立有一通石碑（图92），石碑碑首雕有双龙戏珠浮雕，碑文四周刻有云雷纹，碑上用行书写了一首描写石鼓寺的诗作。碑下还蹲着几只小石狮子。

寺中一个角落设有三只石鼓（图93、图94），石鼓置于一石座之上，呈品字形叠在一起，石鼓上刻有文字。以此来让人们想起该寺的命名因由。

图 92 石鼓寺石碑

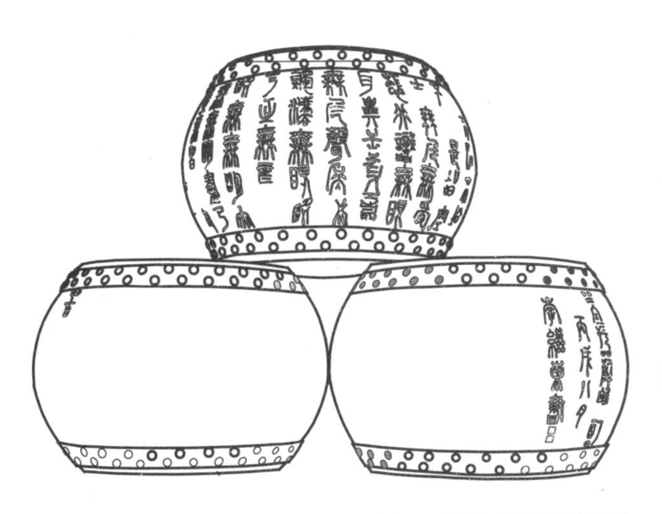

图 93 石鼓寺石鼓测绘图

图 94 石鼓寺石鼓

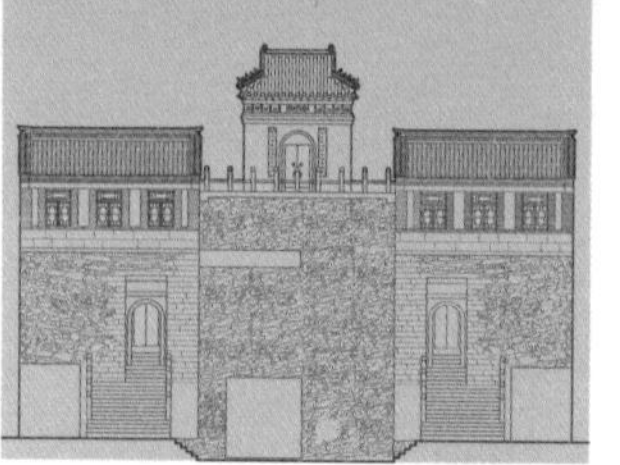

参考文献

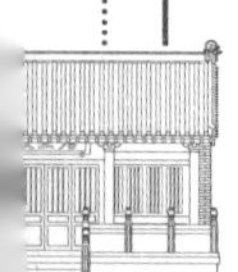

[1] 大连百科全书编纂委员会．大连百科全书［M］．北京：中国大百科全书出版社，1999.

[2] 李允鉌．华夏意匠［M］．天津：天津大学出版社，2005.

[3] 赵广超．不只中国木建筑［M］．北京：生活·读书·新知三联书店，2006.

[4] 大连通史编纂委员会．大连通史——古代卷[M]．北京：人民出版社，2007.

[5] 陆元鼎．中国民居研究五十年［J］．建筑学报，2007（11）．

[6] 中国民族建筑研究会．中国民族建筑研究[M]．北京：中国建筑工业出版社，2008.

[7] 孙激扬，杲树．普兰店史话［M］．大连：大连海事大学出版社，2008.

[8] 李振远．大连文化解读［M］．大连：大连出版社，2009.

[9] 大连市文化广播影视局．大连文物要览［M］．大连：大连出版社，2009.

历史照片

取自《大连老建筑——凝固的记忆》

CAD 测绘

大连理工大学建筑系 06 级队

大连理工大学建筑系 07 级队

大连理工大学建筑系 09 级队

大连理工大学建筑系 10 级队

大连理工大学建筑系 11 级队

大连理工大学建筑系 12 级队

大连理工大学建筑系 13 级队

影像资料采集

大连风云建筑设计有限公司
大连兰亭聚文化传媒有限公司

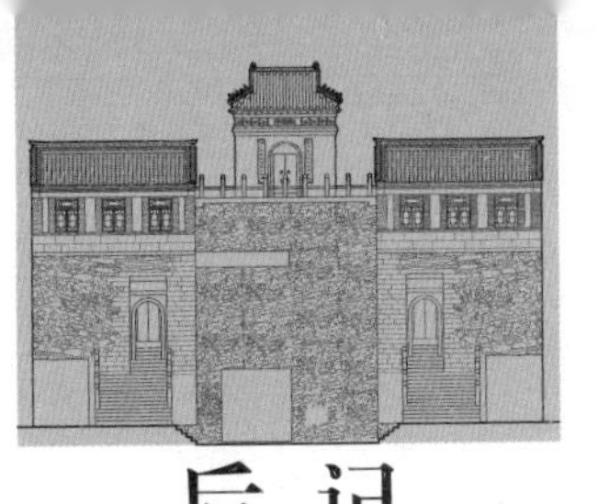

后 记

在大家的共同的努力下，在众多有识之士的帮助与支持下，这套介绍大连古建筑的丛书终于出版了，需要感谢的人太多了！

我们要感谢齐康院士对本丛书提出的宝贵意见，并为本丛书欣然命笔写了序。我们要感谢普兰店市文体局张福君局长，连续几年的调研、测绘工作是在张局长帮助与支持下完成的。我们要感谢大连理工大学建筑与艺术学院建筑系06～13级的同学们，每当夏天就是我们共同在测绘现场的日子。我们要感谢兰亭聚文化传媒有限公司的陈煜董事长及其团队，他们无冬历夏反复的、精益求精的拍摄让我们感受到了专业团队的敬业精神。正是有这么多人，他们怀着对古建筑和传统文化探索的热情，有的默默工作，有的奔走呼号。他们的言行鞭策着我们，他们的言行更是我们的动力。

在大连这座曾经的殖民地城市做中国古建筑调研工作的选题其实是要点勇气的。其次，对这样一批分布较散的建筑进行调研、测绘等工作，其工作量之大我们也是预先估计不足的，有一些工作现场先后去了不下五六次。再者，参与策划、调研、咨询、测绘和摄影摄像等工作的人员众多，工作周期很长，需要克服的如时间、经费及工作环境与条件等因素也较多。个中的艰辛和劳心劳力就不必细说了，任务完成之余大家感慨万千，商量许久，共同留下了一些感想：

通过参与这几年对大连的这批古建筑的调研工作，具体的感触是让我们觉得古建筑的保护仍然是个十分严峻的课题。这10余处古建筑大多为省保单位，只有一两处为市保单位，甚至还有一处为国保单位。它们无论从保护的制度到措施一应俱全，因此还算基本保存完好，但也存在一些问题。然而调研的有些古建筑也是保护单位，并且本身也具备一些历史价值，但从保护的角度看却显得不如人意，故无法将其收录。有些古建筑已经无法无破坏性修缮，有的古建筑的原状已经被歪曲篡改，其艺术价值和工艺价值都大大降低。有些古建筑单位在修缮中任意扩大规模，甚至过度开发旅游，加建太多破坏了环境。有些在修缮中夸大古建筑原有的等级，建筑装饰与彩绘失去规制，建筑风格南辕北辙。我们调研的大多数修缮过的古建筑，基本上不采用传统工艺。只有真正达到保存原来的传统工艺技术，还需要保存其形制、结构与材料，才能达到保存古建筑的原状。修缮文物古建筑的基本原则是要用原有的技术、原有的工艺、原有的材料，这也是搞好文物古建筑修缮的根本保证。《中国文物古迹保护准则》第二十二条也规定："按照保护要求使用保护技术。独特的传统工艺技术必须保留。所有的新材料和新工艺都必须经过前期试验和研究，证明是有效的，对文物古迹是无害的，才可以使用。"在传统工艺方面我们做得太不够了。

我们还体会到，决不能抛弃民族传统，割断历史，因为中国古建筑与传统城市的艺术、功能和形式是经过了几千年的历史发展逐步形成的。对我国独特的传统文化的追求和继承，不应仅仅停留在形式剪辑的层面上，而应追求内涵和精神方面更深层面的表现，将现代要求、现代方法与传统的文化形态很好地结合起来，做到灵活运用，并抓住中国传统城市与古建筑文化的本质内涵。

并且我们理应肩负起中国传统建筑文化的现代化使命，去面对当今建筑文化全球化趋势的挑战。这就要求我们认识中国传统建筑文化的本质内涵，从哲学的深度来研究传统文化的起源、变化和发展，要求我们对传统文化的精髓有比较深刻的理解，认真从传统城市与古建筑的演变过程中，探索出继承、创新及发展的新思路。

胡文荟

2015 年 4 月